球墨铸铁预制直埋供热管道设计安装手册

王 飞 何齐书 主 编

王国伟 陈建波 雷勇刚 李明强 副主编

电子工业出版社
Publishing House of Electronics Industry
北京·BEIJING

内 容 简 介

本手册是一部球墨铸铁预制保温管直埋敷设集中供热工程的规划设计、施工安装、管道管件采购技术手册。本手册主要介绍了球墨铸铁管道、管件及其预制保温管、保温管件的结构、性能等；以及球墨铸铁预制保温管道直埋敷设的工程设计、工程施工及验收等；还介绍了独特的承插连接柔性管系直埋敷设技术、刚性管和柔性管系结合敷设技术。本手册中设备、设计、施工、验收等常用数据齐全、翔实、可靠，可以用来辅助完成项目决策、规划设计、施工安装及验收等。

学习本手册时，应注意区分柔性连接供热直埋技术和刚性连接供热直埋技术的共性和特殊性。共性技术参见《直埋供热管道工程设计》，本手册主要侧重其特殊性。

未经许可，不得以任何方式复制或抄袭本书之部分或全部内容。
版权所有，侵权必究。

图书在版编目（CIP）数据

球墨铸铁预制直埋供热管道设计安装手册 / 王飞，何齐书主编. -- 北京 ：电子工业出版社，2025. 3.
ISBN 978-7-121-49728-5

Ⅰ. TU833-62

中国国家版本馆 CIP 数据核字第 20252FN961 号

责任编辑：刘小琳　　特约编辑：张思博
印　　刷：北京虎彩文化传播有限公司
装　　订：北京虎彩文化传播有限公司
出版发行：电子工业出版社
　　　　　北京市海淀区万寿路 173 信箱　邮编 100036
开　　本：720×1 000　1/16　印张：12.5　字数：270 千字
版　　次：2025 年 3 月第 1 版
印　　次：2025 年 3 月第 2 次印刷
定　　价：88.00 元

凡所购买电子工业出版社图书有缺损问题，请向购买书店调换。若书店售缺，请与本社发行部联系，联系及邮购电话：（010）88254888，88258888。
质量投诉请发邮件至 zlts@phei.com.cn，盗版侵权举报请发邮件至 dbqq@phei.com.cn。
本书咨询联系方式：liuxl@phei.com.cn，（010）88254538。

参编人员

王　飞　雷勇刚　景胜蓝　杜保存
太原理工大学

王国伟　段绍阳　范　辉　侯俊琴　许晓红
太原市市政工程设计研究院

何齐书　陈建波　赵志诚　董　啸　王　嵩
刘延学　时文博　张邯国　孔祥声
新兴铸管股份有限公司

李明强
天津市政工程设计研究总院有限公司

王晋达
河北工业大学

郭晓妮
中城乡山西能源集团有限公司

陈　帅
煤炭工业太原设计研究院集团有限公司

前　　言

本手册可为从事集中供热管网工程规划、设计、施工、采购的工程技术人员和管理人员提供技术支撑；也可提升具有钢质预制保温管工作经验的工程技术人员的直埋敷设理论水平，使其达到融会贯通；还可作为大学建筑环境与能源应用工程专业、热能动力专业的教材。

本手册具有以下特点：

(1) 按照球墨铸铁预制保温管用于直埋敷设热水供热工程的顺序编写，力求全面、简明、实用，追求条理清晰、观点鲜明、安全可靠。

(2) 球墨铸铁预制直埋供热管道工程设计计算内容提供了详细的算例，并以表格的形式把全系列管道的主要计算结果呈现给读者，供设计选用。

(3) 以图文并茂的形式阐述了球墨铸铁预制直埋供热管道工程所涉及的设备及其选型、设施及其构造、布置和应用。

(4) 关注到"球墨铸铁管"和"钢管"两种预制直埋保温管的特殊性，有助于读者更好地把握热水供热预制保温管直埋敷设技术的真谛。

20世纪80年代，供热前辈从北欧引进了供热直埋预制保温管道直埋敷设技术，至今，该技术经历了消化、吸收、创新的发展历程。本书作者按照理论联系实际、理论与中国国情相结合的科学方法，对直埋管道产生的应力进行分类，并根据应力的类型分别设定应力验算条件，验算条件相比国外有所放宽，水温允许短期达到130 ℃，温差超过110 ℃的管道仍然允许有折角，基本采用无补偿直埋敷设方法，并采用分布式光纤管道泄漏监测系统替代内置信号线泄漏监测系统的应用等。

2007年、2014年、2024年，王飞、张建伟、王国伟、梁鹂等编著并陆续出版了《直埋供热管道工程设计》第一版、第二版、第三版，为我国钢质预制供热直埋管道工程设计安装提供了技术支撑，对国内集中供热工程建设起到了积极推动作用。但是本书作者也深切体会到，钢质预制直埋供热管道直埋敷设技术还存在一些难题至今尚未解决。

令人欣慰的是，球墨铸铁预制直埋供热管道的研制成功，无疑给供热直埋管道工程提供了一种新的选择、新的技术。球墨铸铁预制保温管和传统钢质预制保温管各有特点和优势，只要扬长避短就可以优势互补，积极推动直埋供热管道工程的高质量发展，增加直埋供热管道工程的安全性和集中供热的可靠性。

球墨铸铁预制直埋供热管道组对接口采用承插连接，承口和插管采用橡胶圈密封，因而组对接口允许有一定的偏转，具有一定的适应管基沉降的能力、轴向热应力极小不会发生局部屈曲和整体失稳、管道施工速度快、直埋管道填砂量减少、工作管耐腐蚀等优势，因而在小角度多的路段、腐蚀性土壤、河道、缺少填砂等场合敷设球墨铸铁预制直埋供热管道组对接头具有一定的优点。然而，普通球墨铸铁预制直埋供热管道组对接口采用承插连接，无法利用土壤和管道的摩擦力消减主固定墩，因而相对钢质预制保温管无补偿敷设，纯承插连接的主固定墩数量较多。组对接口承插连接采用橡胶密封圈(垫)密封，橡胶密封圈(垫)稳定的产品质量、规范的安装质量是球墨铸铁预制保温管直埋敷设成败的关键，球墨铸铁预制直埋供热管道的工程应用正是得益于耐热密封橡胶的研究成果。

本手册第1章由段绍阳、侯俊琴、赵志诚、董啸编写；第2章由段绍阳、王嵩、刘延学编写；第3章由王国伟、王飞编写；第4章由段绍阳编写；第5章由王国伟、段绍阳编写；第6章由王国伟、许晓红编写；第7章由范辉、王飞编写；第8章由王国伟、侯俊琴编写；第9章由王国伟、范辉、郭晓妮编写；第10章由王国伟、李明强、时文博、张邯国、孔祥声、陈帅、王飞编写。

全书由王晋达、杜保存、景胜蓝、陈建波、雷勇刚、何齐书、王国伟、王飞统稿。

在本手册编写过程中，编者查阅了许多标准、规范、技术规程及其他文献资料。结合工程实践引用条文时有些更为严格，在此谨向这些专家、同人致以衷心的感谢！

由于球墨铸铁管用于供热工程的时间较短、工程案例较少，可借鉴的经验有限，加之时间仓促，因此本手册中的缺陷在所难免，诚邀读者指正。

编者
2024年12月

目 录

第1章 球墨铸铁管 ·· 1

1.1 球墨铸铁管的生产工艺 ··· 1
1.1.1 生产工艺流程 ··· 1
1.1.2 铁水的制备 ··· 1
1.1.3 管的铸造 ·· 2
1.1.4 内外防腐涂层 ·· 4

1.2 球墨铸铁管的性能 ·· 4
1.2.1 基本性能 ·· 4
1.2.2 管体强度 ·· 6
1.2.3 球墨铸铁管的耐腐蚀性能 ··· 6
1.2.4 球墨铸铁管的耐电腐蚀性能 ·· 8

1.3 球墨铸铁管规格 ··· 9

1.4 接口型式 ·· 9
1.4.1 HRD 型接口 ·· 9
1.4.2 HRA Wb 自锚接口 ·· 11
1.4.3 法兰接口 ··· 14
1.4.4 球墨铸铁管与钢管转换接口 ·· 14

1.5 接口型式试验 ··· 15

附录 球墨铸铁管性能表 ·· 16

第2章 球墨铸铁管件 ·· 17

2.1 管件及其代表符号 ··· 17
2.2 管件及附件技术参数 ·· 18
2.2.1 短管 ··· 18
2.2.2 双承弯管 ··· 21
2.2.3 承插弯头 ··· 24
2.2.4 双承渐缩管 ··· 27
2.2.5 三通 ··· 29

2.2.6 可拆卸接头 ·· 45
  2.2.7 减径法兰 ·· 46

第3章 球墨铸铁预制保温管 ·· 52

 3.1 球墨铸铁预制保温管构造 ·· 52
 3.2 保温层及外护管 ·· 53
 3.3 预制保温管件结构 ·· 53
 3.4 组对保温接头 ··· 54
 3.5 球墨铸铁管和管件 ·· 55
 3.6 组对接口用密封圈(垫) ·· 56
 3.7 组对过程用润滑剂 ·· 57
 3.8 预制保温管线密封要求 ·· 57
 3.9 管道泄漏监测系统 ·· 57
 3.10 球墨铸铁预制保温管规格 ·· 58

第4章 设计计算 ·· 60

 4.1 热负荷及全年耗热量计算 ·· 60
  4.1.1 民用建筑采暖热负荷 ··· 60
  4.1.2 民用建筑通风热负荷 ··· 61
  4.1.3 民用建筑空调热负荷 ··· 61
  4.1.4 民用建筑生活热水热负荷 ·· 62
  4.1.5 民用建筑采暖期全年耗热量 ··· 63
  4.1.6 民用建筑采暖期通风全年耗热量 ··· 63
  4.1.7 民用建筑空调采暖期全年耗热量 ··· 64
  4.1.8 民用建筑空调制冷全年耗热量 ·· 64
  4.1.9 生活热水全年耗热量 ··· 64
  4.1.10 工业建筑热负荷及全年耗热量 ··· 64
 4.2 管道壁厚 ·· 64
 4.3 过渡段长度及其热伸长 ·· 66
 4.4 直埋管道保温结构相关参数计算 ··· 66
  4.4.1 直埋管道热损失计算 ··· 66
  4.4.2 保温层外表面温度计算 ·· 67
  4.4.3 保温管周围土壤温度计算 ·· 67
  4.4.4 安全保温层厚度计算 ··· 69
  4.4.5 经济保温层厚度计算 ··· 71

4.5 水力计算 … 73
4.5.1 经济比摩阻 … 73
4.5.2 管道内壁当量粗糙度 … 74
4.5.3 管径确定 … 74
4.5.4 管道局部阻力与沿程阻力比值 … 76
4.5.5 管道压降计算 … 76
附录 全国主要城市地温月平均值和球墨铸铁管水力计算表 … 77

第5章 管道布置与敷设 … 99
5.1 热力管道布置的一般原则 … 99
5.2 热力管道的敷设 … 100
5.3 球墨铸铁预制保温管直埋敷设 … 101
5.4 管线定向钻进技术 … 103
5.4.1 基本规定 … 103
5.4.2 设计要点 … 103
5.4.3 管壁厚度的确定 … 104
5.4.4 导向轨迹设计 … 104
5.4.5 工作坑(井) … 106
5.4.6 设备选型及安装 … 107

第6章 外部作用荷载及径向变形控制 … 109
6.1 刚性管系和柔性管系的轴向外力比较 … 109
6.2 直埋管道的垂直荷载 … 109
6.2.1 静土压力 … 109
6.2.2 交通荷载 … 110
6.2.3 管顶总竖向压力 … 110
6.3 管土作用特征参数 … 110
6.3.1 基础中心角 … 111
6.3.2 土壤反作用模量 … 111
6.4 球墨铸铁管径向变形的控制 … 114
6.5 直埋管道允许埋深和竖向稳定性要求壁厚 … 115

第7章 固定墩及自锚管系设计 … 116
7.1 固定墩布置节点 … 116
7.2 几种常见固定墩推力计算 … 117

7.3 固定墩稳定性验算 ··· 123
　7.3.1 固定墩与土壤的作用力 ·· 123
　7.3.2 固定墩与回填土的摩擦系数 ···································· 124
　7.3.3 固定墩稳定性验算 ·· 124
7.4 固定墩的结构形式 ··· 133
　7.4.1 弯管固定墩 ·· 133
　7.4.2 三通固定墩 ·· 134
　7.4.3 直管段固定墩 ·· 135
　7.4.4 变径管固定墩 ·· 137
　7.4.5 箱式固定墩 ·· 137
　7.4.6 其他说明 ·· 138
7.5 自锚接口系统 ··· 139
7.6 单位摩擦力 ··· 139
7.7 单位长度侧向阻力 ··· 140
7.8 自锚长度计算 ··· 143

第8章 阀门井室安装图 ·· 152

8.1 阀门检查室布置图 ··· 152
8.2 管道穿墙套管安装图 ··· 155

第9章 直埋管道施工、安装及验收 ······································ 158

9.1 球墨铸铁预制保温管直埋管道横断面布置 ····························· 158
9.2 管槽开挖 ··· 162
9.3 管道安装 ··· 164
9.4 阀门及管件的安装 ··· 167
9.5 校圆方法 ··· 168
9.6 管的切割 ··· 168
9.7 管道损坏修复 ··· 170
9.8 保温接口的检验 ··· 171
9.9 沟槽回填 ··· 171
9.10 管道试验 ·· 172
9.11 管道清洗 ·· 172
9.12 管道试运行 ·· 173

第10章 工程设计案例 ··· 174

参考资料 ·· 189

第1章 球墨铸铁管

1.1 球墨铸铁管的生产工艺

1.1.1 生产工艺流程

离心球墨铸铁管生产工艺流程如图 1-1 所示。

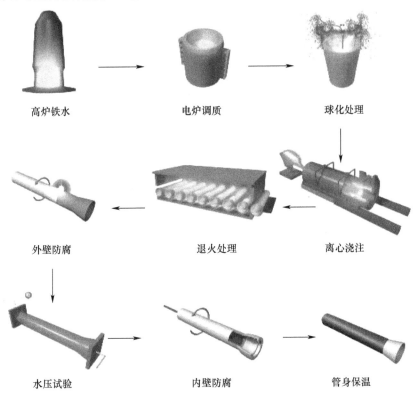

图 1-1 离心球墨铸铁管生产工艺流程

1.1.2 铁水的制备

1.1.2.1 铁水的熔炼

利用高炉将铁矿石中的铁（Fe）还原出来，保证铁水中含有适量的硅（Si）、锰（Mn）、硫（S）、磷（P）及其他微量元素。利用电炉对铁水的成分和温度进行调整，使铁水达到适合进行球化处理的化学成分和温度要求。

1.1.2.2 铁水的球化处理及孕育处理

含有一定其他成分的铁水加入镁（Mg）进行球化处理后，铁水凝固过程中析出的石墨由片状转变为球状，克服了片状石墨对铁基体连续性的阻碍作用，使球墨铸铁具有了卓越的可延性、柔韧性和耐冲击性，铁水的球化处理如图1-2所示。

孕育处理是球墨铸铁生产中的一个重要环节，通过孕育处理可以使铁水石墨更加圆整、细化，使球墨铸铁球化等级更高、管壁的组织更加致密，同时也能提高产品的塑性和韧性，随流孕育处理在离心浇注的同时进行。

图1-2 铁水的球化处理

1.1.3 管的铸造

1.1.3.1 砂芯制备

不同接口的管是通过不同形状的砂芯和管模来制造实现的，将混合了树脂的制芯砂射入砂芯模具内，再固化制备成离心铸造需要的砂芯，如图1-3所示。

图1-3 固化制备成离心铸造需要的砂芯

1.1.3.2 离心铸造

高质量的球墨铸铁管是采用离心铸造工艺生产的。将经过球化处理合格的高温铁水通过流槽注入高速旋转的金属模具内,铁水在离心力的作用下布满金属模具内表面,最后铁水凝固成管,如图 1-4 所示。铁水中的杂质和气体在离心力的作用下被充分排除,铁水由外壁逐渐向内壁凝固的过程使管壁十分密实,从而可以最大限度地节约材料,提高管的机械性能。

图 1-4 铁水凝固成管

1.1.3.3 退火处理

退火处理是球墨铸铁管生产过程中一个必需且又重要的生产工序。铸态离心球墨铸铁管延伸率一般为 2%~5%,达不到 GB/T 13295《水及燃气用球墨铸铁管、管件和附件》的要求。为了得到较高的延伸率,需要对铸态管进行退火处理,即将铸态管在退火炉内加热到一定温度,然后以合理的退火曲线将其冷却到一定温度以下再进行室温冷却,退火处理如图 1-5 所示。经退火处理后,球墨铸铁管的拉伸性能可达到表 1-1 给定的性能指标,球墨铸铁管材料主要性能参数如附表 1-1 所示,符合 GB/T 13295 标准的要求,其机械性能检验如图 1-6 所示。

表 1-1 球墨铸铁管及管件的拉伸性能

铸件类型	最小抗拉强度 R_m/MPa	最小伸长率 A/%	
	DN100~DN1600	DN100~DN1000	DN1100~DN1600
离心球墨铸铁管	420	10	7
管件、非离心球墨铸铁管	420	5	5

注:1. 根据供需双方的协议,可检验屈服强度($R_{P0.2}$)的值。其中当 DN100~DN1000、$A \geq 12\%$ 时,允许 $R_{P0.2} \geq 270$ MPa;或当 DN>DN1000、$A \geq 10\%$ 时,允许 $R_{P0.2} \geq 270$ MPa;其他情况下,$R_{P0.2} \geq 300$ MPa。
2. DN100~DN1000 压力分级时离心铸造管设计最小壁厚不小于 10 mm 时,最小伸长率为 7%。

图 1-5 退火处理

图 1-6 机械性能检验

1.1.4 内外防腐涂层

应按照现行国家标准 GB/T 17456.1《球墨铸铁管外表面锌涂层 第 1 部分：带终饰层的金属锌涂层》的规定对球墨铸铁管进行防腐处理。球墨铸铁预制保温管的工作管（球墨铸铁管）外表面均匀喷涂 99.99% 的纯锌（130 g/m^2），锌层外面为聚氨酯泡沫和外护管。球墨铸铁管内防腐可分为两种：一种是无内衬，其内壁在车间打磨后，当量粗糙度与钢管相当；另一种是采用耐高温减阻涂层，其水力条件更好，经检测，其当量粗糙度 k 约为 0.03 mm。根据不同供热项目的水质条件，可以选择不同的内防腐方式。

1.2 球墨铸铁管的性能

1.2.1 基本性能

1.2.1.1 化学成分

球墨铸铁管及管件的化学成分中主要元素有碳（C）、硅（Si）、锰（Mn）、磷（P）、硫（S）和镁（Mg）。根据离心铸造工艺和退火工艺的不同，铁水成分也不尽相同，如表1-2所示。

表1-2 不同离心铸造工艺、退火工艺条件下的铁水成分　　　　单位：%

离心铸造工艺	退火工艺	C	Si	Mn	P	S	Mg
水冷金属型	高温退火	3.2~3.5	2.4~2.6	≤0.4	≤0.08	≤0.02	≤0.035
热模涂料法	低温退火	3.3~3.7	1.8~2.5	≤0.4	≤0.07	≤0.02	≤0.050

1.2.1.2　金相组织

球墨铸铁管的金相组织如图1-7所示。

在铁素体和珠光体基体上分布有一定数量的球状石墨，根据公称直径及对伸长率的要求，基体组织中铁素体和珠光体的比例有所不同，小直径球墨铸铁管中的珠光体比例应相对少一些，一般应不大于20%；大直径球墨铸铁管珠光体比例应多一些，一般可控制在25%左右。石墨的圆整度应达到GB/T 9441《球墨铸铁金相检验》规定的1~3级，石墨大小应达到GB/T 9441规定的6~8级。

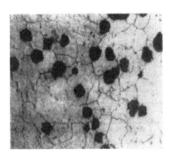

图1-7　球墨铸铁管的金相组织

1.2.1.3　力学性能

球墨铸铁管具有高强度、高伸长率、低硬度的特性，便于机械加工。根据GB/T 13295《水及燃气用球墨铸铁管、管件和附件》、ISO 2531《输水用球墨铁管、管件、附件及接头》、EN 545《给水管线用球墨铸铁管、管件、附件及接口》等国家和国际标准的规定，离心球墨铸铁管、管件及附件的力学性能如表1-3和表1-4所示。

表1-3　球墨铸铁管的力学性能

最小抗拉强度/MPa	最小屈服强度/MPa	最小伸长率/%	
		≤DN1000	≥DN1100
420	300	10	7

表 1-4 球墨铸铁管件及附件的力学性能

最小抗拉强度/MPa	最小屈服强度/MPa	最小伸长率/%
420	300	5

1.2.2 管体强度

衡量管体强度的主要指标通常为铸管的承压能力。球墨铸铁管的水压试验是检验管体强度的一种方法，但试验压力不是铸管能承受的正常运行压力。球墨铸铁管的允许工作压力 PFA 可由式（1-1）计算：

$$\text{PFA} = \frac{2 \times e_{\min} \times R_{\mathrm{m}}}{D \times \text{SF}} \tag{1-1}$$

式中，$e_{\min}$ 为球墨铸铁管的最小壁厚，mm；R_{m} 为球墨铸铁管的最小抗拉强度，取 420 MPa；D 为球墨铸铁管平均直径（DE$-e_{\min}$），mm，DE 为球墨铸铁管外径；SF 为安全系数，取 3。

最大允许工作压力 PMA 与 PFA 的计算公式相同，若取 SF=2.5，可得出：

$$\text{PMA} = 1.2\text{PFA}$$

一般情况下，允许试验压力 PFA 为 PMA+0.5 MPa。上述允许压力表明离心球墨铸铁管具有较高的管体强度，但单根管线的承压能力受具有低承压局部构件的限制，如抗拔脱能力较差的管件及接头等。

1.2.3 球墨铸铁管的耐腐蚀性能

在我国，使用球墨铸铁管的时间已超 30 年，在国外，其使用历史也已有 70 多年，其耐腐蚀性能优于钢管，目前已得到广泛认可。表 1-5～表 1-10 给出了不同流动水质对球墨铸铁管、普通铸铁管和焊接钢管耐腐蚀性能的影响情况。

（1）自来水、蒸馏水中的耐腐蚀试验结果，如表 1-5～表 1-7 所示。

表 1-5 各种管的自来水水流腐蚀量试验结果　　单位：$\times 10^{-3}$ mg/mm^2

试验用管	45 天后	90 天后
球墨铸铁管	3.89	5.83
普通铸铁管	3.89	6.67
焊接钢管	19.05	25.66

注：用喷枪将自来水雾化，喷洒 10 h，停止 14 h，反复进行干湿试验。

表 1-6 浸入自来水中腐蚀量试验结果　　单位：$\times 10^{-3}$ mg/(mm$^2 \cdot$ d)

试验用管	腐蚀量
球墨铸铁管	3.24
普通铸铁管	3.49

注：吹入空气，在 90~95℃ 条件下加热 40 h，总浸入时间之和为 196 h。

表 1-7 浸入蒸馏水中腐蚀量试验结果　　　　单位：$\times 10^{-4}$ mg/(mm^2·d)

试验用管	浸入水中静置 380 天	浸入水中 380 天后吹压缩空气
球墨铸铁管	6.1	19.1
普通铸铁管	6.2	19.3
钢管	7.5	24.5

（2）海水、人工海水、盐水中的耐腐蚀试验结果，如表 1-8~表 1-10 所示。

表 1-8 浸入海水中腐蚀量试验结果

浸入时间	90 天后	180 天后	360 天后	90 天后	180 天后	360 天后
试验用管	腐蚀量/[$\times 10^{-3}$mg/(mm^2·d)]			腐蚀量（mm/a）		
球墨铸铁管	2.40	1.61	1.32	0.122	0.081	0.066
普通铸铁管	2.49	1.64	1.45	0.127	0.083	0.073
钢管	3.02	2.07	2.73	0.140	0.097	0.130

注：浸入海水中，加机械搅拌。

表 1-9 人工海水中浸入腐蚀量试验结果　　　　单位：$\times 10^{-3}$ mg/(mm^2·d)

试验用管	腐蚀量
球墨铸铁管	1.58
普通铸铁管	1.94
钢管	2.54

注：吹入压缩空气，浸入 380 天。

表 1-10 盐水中腐蚀量试验结果　　　　单位：$\times 10^{-3}$ mg/(mm^2·d)

试验用管	腐蚀量
球墨铸铁管	2.21
普通铸铁管	3.62

注：在 3% 的盐水中浸入 165 h。

试验数据表明，随着时间的延长，受腐蚀生成物的影响，球墨铸铁管和普通铸铁管的腐蚀量相应减少，而钢管几乎不存在这种影响。

（3）耐酸、耐碱试验结果如表 1-11~表 1-14 所示。

表 1-11 浸入盐酸溶液中腐蚀量试验结果　　　　单位：$\times 10^{-2}$ mg/mm^2

盐酸浓度	1%			5%		
试验时间	24 h	48 h	72 h	24 h	48 h	72 h
试验条件及试验用管	腐 蚀 量					
球墨铸铁管	1.944	2.780	3.337	2.618	3.946	5.320
普通铸铁管	6.882	9.046	9.824	11.982	33.132	44.706

表 1-12　浸入硝酸溶液中腐蚀量试验结果　　单位：×10⁻² mg/mm²

硝酸浓度	1%			5%		
试验时间	24 h	48 h	72 h	24 h	48 h	72 h
试验条件及试验用管	腐　蚀　量					
球墨铸铁管	3.849	5.048	5.275	20.166	25.654	28.136
普通铸铁管	4.996	5.262	5.845	21.293	25.447	25.901

表 1-13　浸入硫酸溶液中腐蚀量试验结果　　单位：×10⁻² mg/mm²

硫酸浓度	1%			5%		
试验时间	24 h	48 h	72 h	24 h	48 h	72 h
试验条件及试验用管	腐　蚀　量					
球墨铸铁管	1.763	2.378	2.832	2.015	4.607	7.530
普通铸铁管	5.301	11.120	11.742	11.321	23.023	30.411

表 1-14　浸入氢氧化钠溶液中腐蚀量试验结果　　单位：×10⁻³ mg/mm²

氢氧化钠浓度	5%	30%
试验时间	180 天	180 天
试验条件及试验用管	腐　蚀　量	
球墨铸铁管	4.86	1.88
普通铸铁管	4.92	1.94

1.2.4　球墨铸铁管的耐电腐蚀性能

1.2.4.1　电腐蚀的一般原理

通常，埋于地下的金属导体都能测定出一定容量的电流，由这种电流而引起的金属体腐蚀现象称为电解腐蚀，简称电腐蚀或电蚀。

对于埋地管道，通常采取的防电腐蚀方法为：
(1) 选择敷设线路；
(2) 增加绝缘接头；
(3) 排流法；
(4) 连接低电位金属；
(5) 隔离导电体；
(6) 用绝缘物隔离；
(7) 用绝缘物包裹；
(8) 化学防电腐蚀法。

1.2.4.2　球墨铸铁管的耐电腐蚀性

球墨铸铁管的电阻较大，故不易产生电腐蚀。密封柔性接口球墨铸铁管的橡胶圈具有绝缘作用，故也无须担心电腐蚀。球墨铸铁与钢的电阻值如表1-15所示。

表1-15 球墨铸铁与钢的电阻值

材　料	电阻值/Ω
球墨铸铁	50~70
钢	10~20

1.2.4.3 电腐蚀保护

由于管道在每根铸管的接口处都使用橡胶圈来密封，因此，离心球墨铸铁管本身就具有电腐蚀保护功能，不需要做电腐蚀保护。只有在一些特殊条件下，如果管道有可能形成一条电导线，使用聚乙烯套可以起到高度的隔离作用，使管道不受电腐蚀作用的影响。

1.2.4.4 阴极防腐蚀保护法

离心球墨铸铁管道的橡胶密封圈具有绝缘作用，一般情况下不需要做阴极防腐蚀保护。即使对于一些需要做阴极防腐蚀保护的地区，只要使用聚乙烯套做保护，也不需要做阴极防腐蚀保护，而且使用聚乙烯套做保护比做阴极防腐蚀保护的效果更好。

1.3　球墨铸铁管规格

球墨铸铁管按公称直径（DN）可分为DN100、DN125、DN150、DN200、DN250、DN300、DN350、DN400、DN450、DN500、DN600、DN700、DN800、DN900、DN1000、DN1100、DN1200、DN1400、DN1500、DN1600。

按接口形式可分为滑入式柔性接口、机械式柔性接口、自锚接口和法兰接口等。

按照施工方式可分为适用于普通开挖施工和非开挖施工（如顶管法、水平定向钻法等）的球墨铸铁管，用于非开挖施工的球墨铸铁管还应符合YB/T 4564《非开挖铺设用球墨铸铁管》的规定。

1.4　接口型式

1.4.1　HRD型接口

1.4.1.1 结构形式

HRD型接口结构如图1-8所示。接口安装时，管的插口外壁挤压安放在承口内的橡胶密封圈，使其压缩变形而产生一定的接触压力，利用橡胶密封圈的自密封作用来保持接口的密封性。所谓自密封作用，即橡胶密封圈受到流体压力作用时，橡胶密封圈上实际形成的接触压力等于安装时预先压缩橡胶密封圈产生的

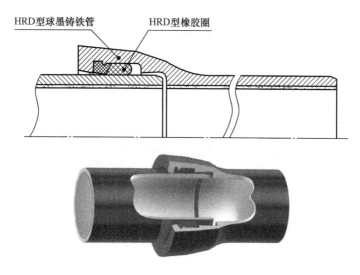

图 1-8　HRD 型接口结构

接触压力与流体压力作用在橡胶密封圈上的新增接触压力之和。由于接触压力比流体压力大，所以接口具有良好的密封性。

　　该接口具有结构简单、安装方便、密封性好等特点。在承口结构上考虑了橡胶密封圈的定位和接口的偏转，通过控制插口的安装深度，使得接口具有一定的轴向伸缩量，因此，这种接口能适应一定的基础沉降，同时可利用其偏转角 θ 实现管线长距离的转向安装，接口偏转安装如图 1-9 所示。

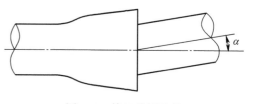

图 1-9　接口偏转示意

　　橡胶密封圈由硬胶和软胶两部分组成，硬胶对管道接口有一定的支撑和对心作用，同时安装时也需要更大的推力。

　　HRD 型接口没有防止管道滑脱的能力，因此须在管线的拐弯等处设置抵抗轴向力的固定墩或铺设一定长度的自锚接口球墨铸铁管。

　　这种连接形式用于地下铺设，但是管道的敷设坡度不得超过 25%；用于地上铺设时，管道的敷设坡度不得超过 20%。

1.4.1.2　技术参数

　　HRD 型接口球墨铸铁管如图 1-10 所示，其主要技术参数如表 1-16 所示。

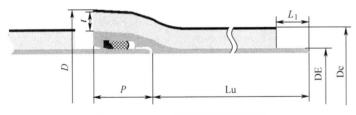

图 1-10 HRD 型接口球墨铸铁管

表 1-16　HRD 型接口球墨铸铁管主要技术参数

DN/mm	DE/mm	Dc/mm	P/mm	允许偏转角 α/(°)	安装允许偏转角 α/(°)	Lu/mm
100	118	200	97	3.0	1.5	6000
125	144	225	100			
150	170	260	104			
200	222	320	111			
250	274	375	117			
300	326	428	121			
350	378	500	124	2.0	1.0	
400	429	550	127			
450	480	600	137			
500	532	655	138			
600	635	765	155			
700	738	870	177			
800	842	975	190			
900	945	1080	208			
1000	1048	1188	220	1.0	0.5	
1100	1152	1300	243			
1200	1255	1410	263			
1400	1462	1630	284			
1600	1668	1850	306			

1.4.2　HRA Wb 自锚接口

1.4.2.1　结构形式

HRA Wb 自锚接口结构如图 1-11 所示，承口内设计有密封腔和挡块仓两个环形腔，密封腔安装密封圈，挡块仓安装自锚组件，DN1200及以下规格自锚组件为挡环、支撑柱和焊环，如图1-11（a）所示；DN1200以上规格自锚组件为前挡块、后挡块、支撑圈和焊环，如图1-11（b）所示。

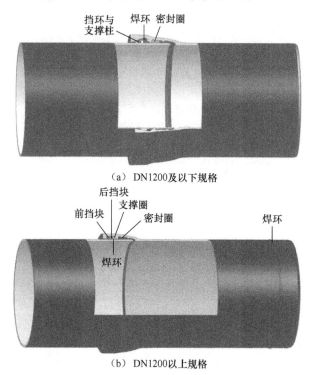

（a）DN1200及以下规格

（b）DN1200以上规格

图1-11 HRA Wb自锚接口结构

HRA Wb自锚接口的工作原理是利用挡环/挡块与焊环之间的互相作用，将轴向拉力传递到管身，从而传递到下一节管道，防止接口拔脱。

HRA Wb自锚接口球墨铸铁管用于下列情况时，可通过铺设一定长度的自锚接口球墨铸铁管来防止管线接口滑脱：

（1）弯头、三通、异径管和堵头等处；

（2）当管线的敷设坡度超过20%（地上铺设）或25%（地下铺设）时；

（3）设置固定墩不经济时（如大口径高压管线等）或在某些特殊情况下，不具备设置条件时，如①施工场地过于狭窄，没有空间设置固定墩；②施工工期紧张等。

1.4.2.2 技术参数

HRA Wb自锚接口球墨铸铁管如图1-12所示，图中符号代表意义同上；其技术参数如表1-17所示。

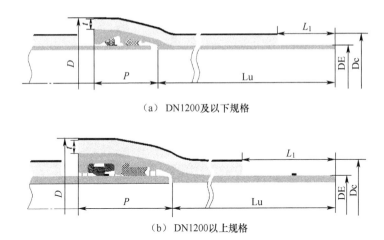

(a) DN1200及以下规格

(b) DN1200以上规格

图 1-12 HRA Wb 自锚接口球墨铸铁管

表 1-17 HRA Wb 自锚接口球墨铸铁管技术参数

DN/mm	DE/mm	Dc/mm	P/mm	允许偏转角 $\alpha/(°)$	安装允许偏转角 $\alpha/(°)$	Lu/mm
100	118	200	135.5	3.0	1.5	5900
125	144	225	134			
150	170	260	143			
200	222	320	152			
250	274	375	160			
300	326	428	171			
350	378	500	178			
400	429	550	182			
450	480	600	188			
500	532	655	210			
600	635	765	227	2.0	1.0	
700	738	870	260			
800	842	975	272			
900	945	1080	288	1.5	0.75	
1000	1048	1188	300	1.2	0.6	
1100	1152	1300	304	1.2	0.6	8000/5900
1200	1255	1410	333			
1400	1462	1630	328			
1600	1668	1850	361	1.1	0.55	

1.4.3 法兰接口

1.4.3.1 结构形式

法兰接口结构如图1-13所示，拧紧连接螺栓可使法兰挤压密封圈以实现接口密封。

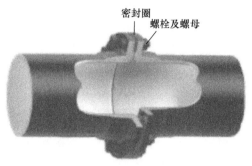

图1-13 法兰接口结构

法兰接口为刚性接口，密封性能好，通常在下列场所使用，如需要与泵、阀门连接的场所，以及有穿过基础、墙体等特殊需要的场所。

1.4.3.2 技术参数

供应商可以提供DN100～DN1600规格的法兰（焊接）组件，管的长度、穿墙法兰的数量及位置可按客户要求制作。法兰（焊接）组件产品明细如表1-18所示。

表1-18 法兰（焊接）组件产品明细

名称	图示符号	名称	图示符号
双盘管		双插穿墙管	
双盘穿墙管		承插穿墙管	
盘插		盘承管	
盘插穿墙管		盘承穿墙管	

1.4.4 球墨铸铁管与钢管转换接口

球墨铸铁管与钢管转换时分两种情况，一种是钢管与球管承口连接，此时只需采用钢制转换件，另一种是钢管与球管插口连接，此时需要钢制转换件和HRD型承套，球墨铸铁管与钢管转换接口连接如图1-14所示。

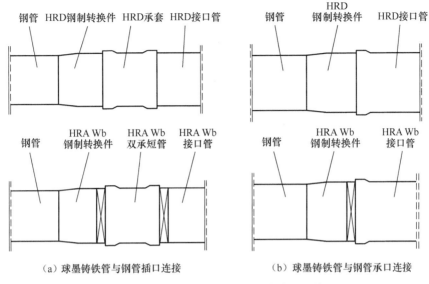

(a)球墨铸铁管与钢管插口连接　　　　(b)球墨铸铁管与钢管承口连接

图 1-14　球墨铸铁管与钢管转换接口连接

1.5　接口型式试验

每种接口均严格按照 GB/T 13295 及 EN 545 的要求进行设计和型式试验，柔性接口型式试验的具体试验内容及要求如表 1-19 所示。由表 1-19 可知，试验内容主要针对接口机械强度和接口的水密封性能，它们受铸造公差和接口移动条件的影响。

表 1-19　柔性接口型式试验内容及要求

试验	试验要求	试验条件	试验方法
1. 内部正水压	试验压力：(1.5PFA+5) bar 试验时间：2 h 无明显泄漏	最大间隙接头，校准、拔出，承受最大剪切力	GB/T 13295、GB/T 36173 等
		最大间隙接头，弯曲	
2. 内部负压	试验压力：-0.9 bar 试验时间：2 h 试验过程最大压力变化：0.09 bar	最大间隙接头，校准、拔出，承受最大剪切力	GB/T 13295、GB/T 36173 等
		最大间隙接头，弯曲	
3. 外部正水压	试验压力：2 bar 试验时间：2 h 无明显泄漏	最大间隙接头，校准，承受最大剪切力	GB/T 13295、GB/T 36173 等
4. 循环内水压	24000 个循环周期 试验压力：在 PMA 和 (PMA-5) bar 之间 无明显泄漏	最大间隙接头，校准、拔出，承受最大剪切力	GB/T 13295、GB/T 36173 等

注：大气压下 0.9 bar。

附录　球墨铸铁管性能表

球墨铸铁管材料主要性能参数如附表 1-1 所示。

附表 1-1　球墨铸铁管材料主要性能参数

温度/℃	机械性能		弹性模量/ ($\times 10^4$ MPa)	热膨胀系数/ $[\times 10^{-6}$ m/(m·℃)$]$
	抗拉强度/MPa	许用应力/MPa		
常温	420	140	17	11.2
100	394	131	17	11.2
130	386	128	17	11.2
150	378	126	17	11.2

第 2 章 球墨铸铁管件

2.1 管件及其代表符号

球墨铸铁管件由各种接口型式派生得到。管件的名称和符号汇总如表 2-1 所示。

表 2-1 管件的名称和符号汇总

序号	名称	图示符号	DN（公称直径）	图号	表号
1	盘插短管	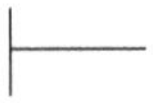	100~1600	图 2-1	表 2-2
2	承插短管	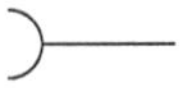	100~1600	图 2-2	表 2-3
3	双承套管	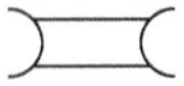	100~1600	图 2-3	表 2-4
4	盘承短管	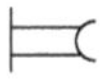	100~1600	图 2-4	表 2-5
5	双插短管	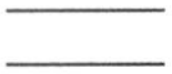	100~1600	图 2-5	表 2-6
6	双承 90°弯头		100~1400	图 2-6	图 2-7
7	双承 45°弯头		100~1600	图 2-7	表 2-8
8	双承 22.5°弯头		100~1600	图 2-8	表 2-9
9	双承 11.25°弯头		100~1600	图 2-9	表 2-10
10	承插 90°弯头		100~1600	图 2-10	表 2-11
11	承插 45°弯头		100~1600	图 2-11	表 2-12
12	承插 22.5°弯头		100~1600	图 2-12	表 2-13
13	承插 11.25°弯头		100~1600	图 2-13	表 2-14
14	双承渐缩管	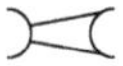	100~1600	图 2-14	表 2-15
15	双承单支盘丁字管	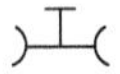	100~1600	图 2-15	表 2-16

续表

序号	名称	图示符号	DN（公称直径）	图号	表号
16	全盘三通		100~1600	图2-16	表2-17
17	全承三通		100~1600	图2-17	表2-18
18	承插单支承丁字管		100~1600	图2-18	表2-19
19	承插单支盘丁字管		100~1600	图2-19	表2-20
20	可拆卸接头		100~1600	图2-20	表2-21
21	减径法兰		100~800	图2-21	表2-22、表2-23、表2-24

制造商可提供不同于本标准长度、壁厚或涂覆的球墨铸铁管件。

2.2 管件及附件技术参数

2.2.1 短管

（1）盘插短管如图2-1所示，其技术参数如表2-2所示。

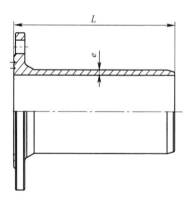

图2-1 盘插短管

表2-2 盘插短管技术参数　　　　　　　　　　单位：mm

DN	e	L	DN	e	L
100	7.2	360	250	9.0	420
125	7.5	370	300	9.6	440
150	7.8	380	350	10.2	460
200	8.4	400	400	10.8	480

续表

DN	e	L	DN	e	L
450	11.4	500	1000	18.0	600
500	12.0	520	1100	19.2	600
600	13.2	560	1200	20.4	600
700	14.4	600	1400	22.8	710
800	15.6	600	1500	24.0	750
900	16.8	600	1600	25.2	780

（2）承插短管如图2-2所示，其技术参数如表2-3所示。

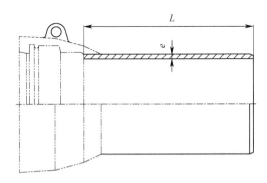

图2-2 承插短管

表2-3 承插短管技术参数　　　　　　单位：mm

DN	e	L	DN	e	L
100	7.2	255	600	13.2	425
125	7.5	265	700	14.4	460
150	7.8	270	800	15.6	475
200	8.4	285	900	16.8	500
250	9.0	300	1000	18.0	515
300	9.6	315	1100	19.2	540
350	10.2	335	1200	20.4	565
400	10.8	355	1400	22.8	620
450	11.4	365	1600	25.2	650
500	12.0	385			

（3）双承套管如图2-3所示，其技术参数如表2-4所示。

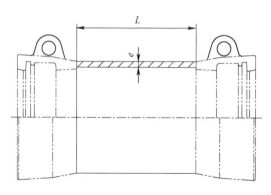

图 2-3 双承套管（需要更换成 K 型承套）

表 2-4 双承套管技术参数　　　　　　　　　　单位：mm

DN	e	L	DN	e	L
100	7.2	160	600	13.2	210
125	7.5	165	700	14.4	220
150	7.8	165	800	15.6	230
200	8.4	170	900	16.8	240
250	9.0	175	1000	18.0	250
300	9.6	180	1100	19.2	260
350	10.2	185	1200	20.4	270
400	10.8	190	1400	22.8	310
450	11.4	195	1500	24.0	350
500	12.0	200	1600	25.2	360

（4）盘承短管如图 2-4 所示，其技术参数如表 2-5 所示。

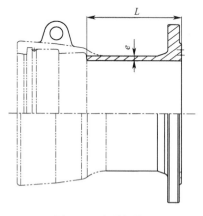

图 2-4 盘承短管

表 2-5　盘承短管技术参数　　　　　　　　　　　　单位：mm

DN	e	L	DN	e	L
100	7.2	130	600	13.2	180
125	7.5	135	700	14.4	190
150	7.8	135	800	15.6	190
200	8.4	140	900	16.8	210
250	9.0	145	1000	18.0	220
300	9.6	150	1100	19.2	230
350	10.2	155	1200	20.4	240
400	10.8	160	1400	22.8	310
450	11.4	165	1500	24.0	330
500	12.0	170	1600	25.2	360

（5）双插短管如图 2-5 所示，其技术参数如表 2-6 所示。

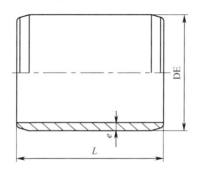

图 2-5　双插短管

表 2-6　双插短管技术参数　　　　　　　　　　　　单位：mm

DN	DE	e	DN	DE	e
100	118	7.2	600	635	13.2
125	144	7.5	700	738	14.4
150	170	7.8	800	842	15.6
200	222	8.4	900	945	16.8
250	274	9.0	1000	1048	18.0
300	326	9.6	1100	1152	19.2
350	378	10.2	1200	1255	20.4
400	429	10.8	1400	1462	22.8
450	480	11.4	1500	1565	24.0
500	532	12.0	1600	1668	25.2

2.2.2　双承弯管

（1）双承 90°弯头如图 2-6 所示，其技术参数如表 2-7 所示。

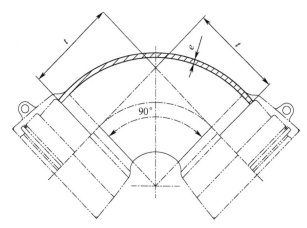

图 2-6 双承 90°弯头

表 2-7 双承 90°弯头技术参数   单位：mm

DN	e	t	DN	e	t
100	7.2	110	500	12.0	520
125	7.5	145	600	13.2	620
150	7.8	170	700	14.4	720
200	8.4	220	800	15.6	820
250	9.0	270	900	16.8	920
300	9.6	320	1000	18.0	1020
350	10.2	370	1100	19.2	1120
400	10.8	420	1200	20.4	1220
450	11.4	470	1400	22.8	1220

（2）双承 45°弯头如图 2-7 所示，其技术参数如表 2-8 所示。

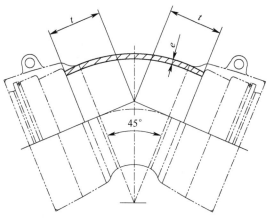

图 2-7 双承 45°弯头

表 2-8 双承 45°弯头技术参数　　　　　　　　　　单位：mm

DN	e	t	DN	e	t
100	7.2	60	600	13.2	285
125	7.5	75	700	14.4	330
150	7.8	85	800	15.6	370
200	8.4	110	900	16.8	415
250	9.0	130	1000	18.0	460
300	9.6	150	1100	19.2	505
350	10.2	175	1200	20.4	550
400	10.8	195	1400	22.8	515
450	11.4	220	1500	24.0	540
500	12.0	240	1600	25.2	565

（3）双承 22.5°弯头如图 2-8 所示，其技术参数如表 2-9 所示。

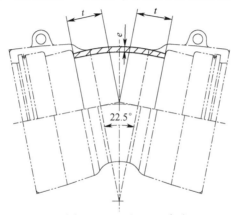

图 2-8　双承 22.5°弯头

表 2-9　双承 22.5°弯头技术参数　　　　　　　　　单位：mm

DN	e	t	DN	e	t
100	7.2	40	600	13.2	150
125	7.5	50	700	14.4	175
150	7.8	55	800	15.6	195
200	8.4	65	900	16.8	220
250	9.0	75	1000	18.0	240
300	9.6	85	1100	19.2	260
350	10.2	95	1200	20.4	285
400	10.8	110	1400	22.8	260
450	11.4	120	1500	24.0	270
500	12.0	130	1600	25.2	280

（4）双承11.25°弯头如图2-9所示，其技术参数如表2-10所示。

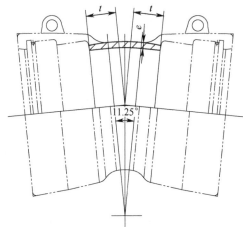

图2-9 双承11.25°弯头

表2-10 双承11.25°弯头技术参数   单位：mm

DN	e	t	DN	e	t
100	7.2	30	600	13.2	85
125	7.5	35	700	14.4	95
150	7.8	35	800	15.6	110
200	8.4	40	900	16.8	120
250	9.0	50	1000	18.0	130
300	9.6	50	1100	19.2	140
350	10.2	60	1200	20.4	150
400	10.8	65	1400	22.8	130
450	11.4	70	1500	24.0	140
500	12.0	75	1600	25.2	140

2.2.3 承插弯头

（1）承插90°弯头如图2-10所示，其技术参数如表2-11所示。

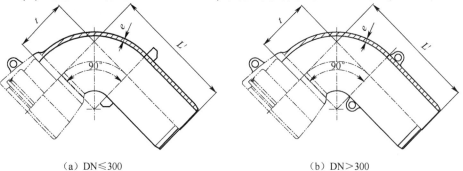

（a）DN≤300   （b）DN＞300

图2-10 承插90°弯头

表 2-11 承插 90°弯头技术参数　　　　　　　　　单位：mm

DN	e	t	L'	DN	e	t	L'
100	7.2	110	300	500	12.0	520	720
125	7.5	145	325	600	13.2	620	820
150	7.8	170	350	700	14.4	720	900
200	8.4	220	400	800	15.6	820	1000
250	9.0	270	450	900	16.8	920	1100
300	9.6	320	500	1000	18.0	1020	1200
350	10.2	370	550	1200	20.4	1220	1400
400	10.8	420	600	1400	22.8	1220	1600
450	11.4	470	670				

（2）承插 45°弯头如图 2-11 所示，其技术参数如表 2-12 所示。

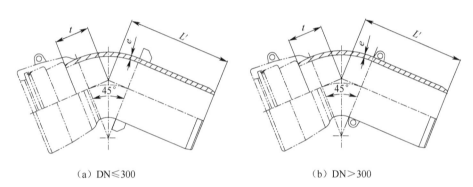

（a）DN≤300　　　　　　　　　　　（b）DN＞300

图 2-11 承插 45°弯头

表 2-12 承插 45°弯头技术参数　　　　　　　　　单位：mm

DN	e	t	L'	DN	e	t	L'
100	7.2	60	245	600	13.2	285	485
125	7.5	75	255	700	14.4	330	580
150	7.8	85	265	800	15.6	370	620
200	8.4	110	290	900	16.8	415	665
250	9.0	130	310	1000	18.0	460	760
300	9.6	150	330	1100	19.2	505	805
350	10.2	175	355	1200	20.4	550	850
400	10.8	195	375	1400	22.8	515	815
450	11.4	220	420	1500	24.0	540	840
500	12.0	240	440	1600	25.2	565	925

(3) 承插 22.5°弯头如图 2-12 所示,其技术参数如表 2-13 所示。

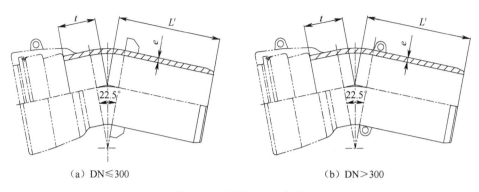

图 2-12 承插 22.5°弯头

表 2-13 承插 22.5°弯头技术参数　　　　　　　单位：mm

DN	e	t	L'	DN	e	t	L'
100	7.2	40	220	600	13.2	150	350
125	7.5	50	230	700	14.4	175	425
150	7.8	55	235	800	15.6	195	445
200	8.4	65	245	900	16.8	220	470
250	9.0	75	255	1000	18.0	240	540
300	9.6	85	265	1100	19.2	260	560
350	10.2	95	275	1200	20.4	285	585
400	10.8	110	290	1400	22.8	260	560
450	11.4	120	320	1500	24.0	270	570
500	12.0	130	330	1600	25.2	280	640

(4) 承插 11.25°弯头如图 2-13 所示,其技术参数如表 2-14 所示。

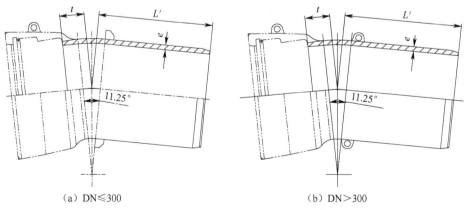

图 2-13 承插 11.25°弯头

表 2-14 承插 11.25°弯头技术参数　　　单位：mm

DN	e	t	L'	DN	e	t	L'
100	7.2	30	210	600	13.2	85	285
125	7.5	35	215	700	14.4	95	345
150	7.8	35	215	800	15.6	110	360
200	8.4	40	220	900	16.8	120	370
250	9.0	50	230	1000	18.0	130	430
300	9.6	55	235	1100	19.2	140	440
350	10.2	60	240	1200	20.4	150	450
400	10.8	65	245	1400	22.8	130	430
450	11.4	70	270	1500	24.0	140	440
500	12.0	75	275	1600	25.2	140	500

2.2.4 双承渐缩管

双承渐缩管如图 2-14 所示，其技数参数如表 2-15 所示。表中，DN 为大管径的公称直径；dn 为小管径的公称直径。

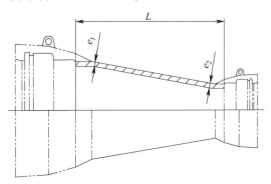

图 2-14 双承渐缩管

表 2-15 双承渐缩管技术参数表　　　单位：mm

DN	e_1	dn	e_2	L	DN	e_1	dn	e_2	L
100	7.2	80	7.0	90	250	9.0	150	7.8	250
150	7.8	80	7.0	190			200	8.4	150
		100	7.2	150	300	9.6	80	7.0	490
200	8.4	80	7.0	290			100	7.2	430
		100	7.2	250			150	7.8	350
		150	7.8	150			200	8.4	250
250	9.0	80	7.0	390			250	9.0	150
		100	7.2	330	350	10.2	80	7.0	600

27

续表

DN	e_1	dn	e_2	L	DN	e_1	dn	e_2	L
350	10.2	100	7.2	560	600	13.2	400	10.8	460
		150	7.8	460			450	11.4	360
		200	8.4	360			500	12	260
		250	9.0	260	700	14.4	200	8.4	1080
		300	9.6	160			250	9.0	980
400	10.8	80	7.0	700			300	9.6	880
		100	7.2	660			350	10.2	780
		150	7.8	560			400	10.8	680
		200	8.4	460			450	11.4	580
		250	9.0	360			500	12.0	480
		300	9.6	260			600	13.2	280
		350	10.2	160	800	15.6	400	10.8	880
450	11.4	80	7.0	800			450	11.4	780
		100	7.2	760			500	12.0	680
		150	7.8	660			600	13.2	480
		200	8.4	560			700	14.4	280
		250	9.0	460	900	16.8	400	10.8	1080
		300	9.6	360			450	11.4	980
		350	10.2	260			500	12.0	880
		400	10.8	160			600	13.2	680
500	12.0	80	7.0	900			700	14.4	480
		100	7.2	860			800	15.6	280
		150	7.8	760	1000	18.0	600	13.2	880
		200	8.4	660			700	14.4	680
		250	9.0	560			800	15.6	480
		300	9.6	460			900	16.8	280
		350	10.2	360	1100	19.2	600	13.2	1080
		400	10.8	260			700	14.4	880
		450	11.4	160			800	15.6	680
600	13.2	80	7.0	1100			900	16.8	480
		100	7.2	1060			1000	18.0	280
		150	7.8	960	1200	20.4	600	13.2	1280
		200	8.4	860			700	14.4	1080
		250	9.0	760			800	15.6	880
		300	9.6	660			900	16.8	680
		350	10.2	560			1000	18.0	480

续表

DN	e_1	dn	e_2	L	DN	e_1	dn	e_2	L
1200	20.4	1100	19.2	280	1400	22.8	1200	20.4	360
1400	22.8	600	13.2	960	1600	25.2	800	15.6	960
		700	14.4	860			900	16.8	860
		800	15.6	760			1000	18.0	760
		900	16.8	660			1200	20.4	560
		1000	18.0	560			1400	22.8	360
		1100	19.2	460					

2.2.5 三通

(1) 双承单支盘丁字管如图 2-15 所示，其技术参数如表 2-16 所示。

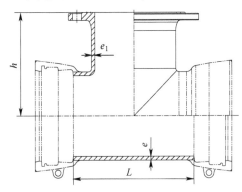

图 2-15 双承单支盘丁字管

表 2-16 双承单支盘丁字管技术参数　　　　　　　　　　单位：mm

主管			支管			主管			支管		
DN	e	L	dn	e_1	h	DN	e	L	dn	e_1	h
100	8.4	170	80	8.1	175	200	9.8	255	150	9.1	250
		190	100	8.4	180			315	200	9.8	260
125	8.7	170	80	8.1	190	250	10.5	180	80	8.1	265
		195	100	8.4	195			200	100	8.4	270
		225	125	8.7	200			230	125	8.7	275
150	9.1	170	80	8.1	205			260	150	9.1	280
		195	100	8.4	210			315	200	9.8	290
		230	125	8.7	215			375	250	10.5	300
		255	150	9.1	220	300	11.2	180	80	8.1	295
200	9.8	175	80	8.1	235			205	100	8.4	300
		200	100	8.4	240			230	125	8.7	300
		235	125	8.7	240			260	150	9.1	310

续表

主管			支管			主管			支管		
DN	e	L	dn	e_1	h	DN	e	L	dn	e_1	h
300	11.2	320	200	9.8	320	500	14.0	380	250	10.5	440
		380	250	10.5	330			440	300	11.2	440
		435	300	11.2	340			490	350	11.9	450
350	11.9	185	80	8.1	325			565	400	12.6	480
		205	100	8.4	330			600	450	13.3	480
		230	125	8.7	330			680	500	14.0	500
		270	150	9.1	340	600	15.4	195	80	8.1	460
		325	200	9.8	350			200	100	8.4	460
		385	250	10.5	360			240	125	8.7	465
		420	300	11.2	370			260	150	9.1	470
		495	350	11.9	380			340	200	9.8	500
400	12.6	185	80	8.1	355			380	250	10.5	500
		210	100	8.4	360			430	300	11.2	500
		230	125	8.7	360			490	350	11.9	510
		270	150	9.1	370			570	400	12.6	540
		325	200	9.8	380			610	450	13.3	540
		385	250	10.5	390			670	500	14.0	540
		440	300	11.2	400			800	600	15.4	580
		480	350	11.9	410	700	16.8	210	80	8.1	490
		560	400	12.6	420			230	100	8.4	490
450	13.3	190	80	8.1	370			250	125	8.7	495
		215	100	8.4	390			280	150	9.1	500
		230	125	8.7	390			345	200	9.8	525
		270	150	9.1	400			390	250	10.5	525
		330	200	9.8	410			440	300	11.2	525
		390	250	10.5	420			500	350	11.9	530
		445	300	11.2	430			575	400	12.6	555
		480	350	11.9	430			610	450	13.3	545
		560	400	12.6	450			680	500	14.0	550
		620	450	13.3	460			770	600	15.4	565
500	14.0	190	80	8.1	400			925	700	16.8	600
		215	100	8.4	420	800	18.2	240	80	8.1	550
		240	125	8.7	420			260	100	8.4	550
		280	150	9.1	420			290	125	8.7	555
		330	200	9.8	440			310	150	9.1	560

续表

主管			支管			主管			支管		
DN	e	L	dn	e_1	h	DN	e	L	dn	e_1	h
800	18.2	350	200	9.8	585	1000	21.0	690	500	14.0	730
		420	250	10.5	585			810	600	15.4	745
		480	300	11.2	585			930	700	16.8	760
		530	350	11.9	590			1040	800	18.2	775
		580	400	12.6	615			1160	900	19.6	790
		640	450	13.3	615			1290	1000	21.0	825
		690	500	14.0	615	1100	22.4	240	80	8.1	730
		800	600	15.4	625			260	100	8.4	730
		920	700	16.8	640			290	125	8.7	735
		1030	800	18.2	655			310	150	9.1	740
900	19.6	240	80	8.1	605			360	200	9.8	745
		260	100	8.4	610			420	250	10.5	755
		290	125	8.7	615			480	300	11.2	760
		310	150	9.1	620			530	350	11.9	770
		355	200	9.8	645			600	400	12.6	795
		420	250	10.5	645			650	450	13.3	795
		480	300	11.2	650			700	500	14.0	795
		530	350	11.9	660			830	600	15.4	825
		590	400	12.6	675			940	700	16.8	830
		640	450	13.3	665			1050	800	18.2	835
		690	500	14.0	670			1170	900	19.6	850
		800	600	15.4	685			1280	1000	21.0	870
		920	700	16.8	700			1390	1100	22.4	880
		1040	800	18.2	715	1200	23.8	240	80	8.1	790
		1170	900	19.6	750			260	100	8.4	790
1000	21.0	240	80	8.1	670			290	125	8.7	795
		260	100	8.4	670			310	150	9.1	800
		290	125	8.7	675			360	200	9.8	805
		310	150	9.1	680			420	250	10.5	815
		360	200	9.8	705			480	300	11.2	820
		420	250	10.5	705			530	350	11.9	830
		480	300	11.2	710			590	400	12.6	835
		530	350	11.9	720			650	450	13.3	845
		595	400	12.6	735			710	500	14.0	850
		640	450	13.3	725			840	600	15.4	885

续表

主管			支管			主管			支管		
DN	e	L	dn	e_1	h	DN	e	L	dn	e_1	h
1200	23.8	940	700	16.8	885	1400	26.6	1260	800	18.2	1010
		1070	800	18.2	915			1350	900	19.6	1020
		1190	900	19.6	920			1495	1000	21.0	1040
		1300	1000	21.0	945			1580	1100	22.4	1045
		1520	1200	23.8	955			1700	1200	23.8	1050
1400	26.6	340	80	8.1	870			1930	1400	26.6	1070
		420	100	8.4	875	1600	29.4	580	200	9.8	1030
		450	125	8.7	880			635	250	10.5	1040
		480	150	9.1	880			695	300	11.2	1045
		540	200	9.8	890			810	400	12.6	1060
		560	250	10.5	895			925	500	14.0	1075
		650	300	11.2	905			1040	600	15.4	1090
		710	350	11.9	910			1275	800	18.2	1120
		770	400	12.6	920			1505	1000	21.0	1150
		830	450	13.3	925			1740	1200	23.8	1180
		880	500	14.0	935			1970	1400	26.6	1210
		1030	600	15.4	980			2200	1600	29.4	1240
		1120	700	16.8	990						

（2）全盘三通如图 2-16 所示，其技术参数如表 2-17 所示。

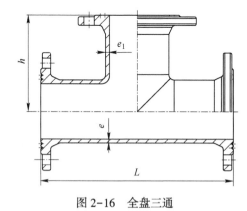

图 2-16 全盘三通

表 2-17 全盘三通技术参数 单位：mm

主管			支管			主管			支管		
DN	e	L	dn	e_1	h	DN	e	L	dn	e_1	h
100	8.4	330	80	8.1	175	400	12.6	470	80	8.1	355
		360	100	8.4	180			900	100	8.4	350
125	8.7	400	80	8.1	190			500	125	8.7	345
		400	100	8.4	195			550	150	9.1	370
		400	125	8.7	200			900	200	9.8	360
150	9.1	440	80	8.1	205			665	250	10.5	390
		440	100	8.4	210			725	300	11.2	400
		440	125	8.7	215			760	350	11.9	390
		440	150	9.1	220			900	400	12.6	450
200	9.8	520	80	8.1	235	450	13.3	470	80	8.1	370
		520	100	8.4	240			950	100	8.4	375
		435	125	8.7	240			530	125	8.7	375
		520	150	9.1	250			570	150	9.1	400
		520	200	9.8	260			950	200	9.8	375
250	10.5	405	80	8.1	265			690	250	10.5	420
		700	100	8.4	275			745	300	11.2	430
		485	125	8.7	280			790	350	11.9	420
		485	150	9.1	280			860	400	12.6	450
		700	200	9.8	325			950	450	13.3	475
		700	250	10.5	350	500	14.0	1000	80	8.1	400
300	11.2	425	80	8.1	295			1000	100	8.4	400
		800	100	8.4	300			1000	125	8.7	400
		480	125	8.7	300			1000	150	9.1	400
		505	150	9.1	310			1000	200	9.8	400
		800	200	9.8	350			1000	250	10.5	400
		620	250	10.5	330			1000	300	11.2	500
		800	300	11.2	400			1000	350	11.9	500
350	11.9	445	80	8.1	325			1000	400	12.6	500
		850	100	8.4	325			1000	450	13.3	500
		480	125	8.7	325			1000	500	14.0	500
		530	150	9.1	340	600	15.4	1100	80	8.1	450
		850	200	9.8	325			1100	100	8.4	450
		645	250	10.5	360			1100	125	8.7	450
		680	300	11.2	350			1100	150	9.1	450
		850	350	11.9	425			1100	200	9.8	450

续表

主管			支管			主管			支管		
DN	e	L	dn	e_1	h	DN	e	L	dn	e_1	h
600	15.4	1100	250	10.5	450	900	19.6	600	100	8.4	620
		1100	300	11.2	550			630	125	8.7	625
		1100	350	11.9	550			650	150	9.1	630
		1100	400	12.6	550			730	200	9.8	645
		1100	450	13.3	550			760	250	10.5	645
		1100	500	14.0	550			800	300	11.2	650
		1100	600	15.4	550			870	350	11.9	660
700	16.8	500	80	8.1	500			950	400	12.6	675
		520	100	8.4	500			980	450	13.3	675
		550	125	8.7	505			1040	500	14.0	680
		570	150	9.1	510			1500	600	15.4	705
		650	200	9.8	525			1500	700	16.8	710
		680	250	10.5	525			1500	800	18.2	725
		740	300	11.2	530			1500	900	19.6	750
		790	350	11.9	540	1000	21.0	620	80	8.1	680
		870	400	12.6	555			640	100	8.4	680
		900	450	13.3	555			670	125	8.7	685
		960	500	14.0	560			690	150	9.1	690
		1180	600	15.4	575			770	200	9.8	705
		1200	700	16.8	600			800	250	10.5	705
800	18.2	540	80	8.1	560			840	300	11.2	710
		560	100	8.4	560			910	350	11.9	720
		590	125	8.7	565			990	400	12.6	735
		610	150	9.1	570			1020	450	13.3	735
		690	200	9.8	585			1080	500	14.0	740
		720	250	10.5	585			1650	600	15.4	765
		760	300	11.2	590			1650	700	16.8	770
		830	350	11.9	600			1650	800	18.2	785
		910	400	12.6	615			1650	900	19.6	800
		940	450	13.3	615			1650	1000	21.0	825
		1000	500	14.0	620	1100	22.4	610	80	8.1	740
		1350	600	15.4	645			640	100	8.4	740
		1330	700	16.8	665			670	125	8.7	745
		1350	800	18.2	675			700	150	9.1	750
900	19.6	580	80	8.1	620			750	200	9.8	755

续表

主管			支管			主管			支管		
DN	e	L	dn	e_1	h	DN	e	L	dn	e_1	h
1100	22.4	810	250	10.5	765	1400	26.6	880	125	8.7	880
		860	300	11.2	770			900	150	9.1	885
		920	350	11.9	780			910	200	9.8	890
		980	400	12.6	795			960	250	10.5	900
		1030	450	13.3	795			1140	300	11.2	905
		1090	500	14.0	800			1210	350	11.9	915
		1210	600	15.4	825			1250	400	12.6	920
		1480	700	16.8	830			1270	450	13.3	930
		1540	800	18.2	845			1290	500	14.0	960
		1600	900	19.6	860			1320	600	15.4	980
		1660	1000	21.0	875			1440	700	16.8	990
		1780	1100	22.4	890			1540	800	18.2	1010
1200	23.8	610	80	8.1	795			1670	900	19.6	1020
		640	100	8.4	800			1760	1000	21.0	1040
		670	125	8.7	805			1880	1100	22.4	1055
		700	150	9.1	810			1980	1200	23.8	1070
		750	200	9.8	815			2200	1400	26.6	1100
		810	250	10.5	825	1500	28.0	1575	600	15.4	1035
		870	300	11.2	830			2040	1000	21.0	1095
		930	350	11.9	840	1600	29.4	920	200	9.8	1040
		990	400	12.6	845			980	250	10.5	1040
		1040	450	13.3	855			1150	300	11.2	1045
		1100	500	14.0	860			1270	400	12.6	1055
		1240	600	15.4	885			1300	500	14.0	1070
		1330	700	16.8	890			1380	600	15.4	1090
		1470	800	18.2	915			1600	800	18.2	1120
		1570	900	19.6	920			1820	1000	21.0	1150
		1700	1000	21.0	945			2040	1200	23.8	1180
		1910	1200	23.8	955			2260	1400	26.6	1210
1400	26.6	820	80	8.1	870			2480	1600	29.4	1240
		860	100	8.4	875						

（3）全承三通如图 2-17 所示，其技术参数如表 2-18 所示。

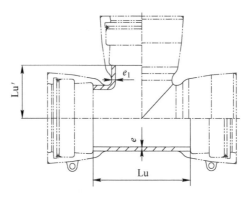

图 2-17 全承三通

表 2-18 全承三通技术参数   单位：mm

主管			支管			主管			支管		
DN	e	Lu	dn	e_1	Lu'	DN	e	Lu	dn	e_1	Lu'
100	8.4	170	80	8.1	95	300	11.2	260	150	9.1	200
		190	100	8.4	95			320	200	9.8	205
125	8.7	170	80	8.1	105			375	250	10.5	210
		195	100	8.4	110			435	300	11.2	220
		225	125	8.7	110	350	11.9	180	80	8.1	220
150	9.1	170	80	8.1	120			200	100	8.4	220
		195	100	8.4	120			240	125	8.7	225
		230	125	8.7	125			250	150	9.1	225
		255	150	9.1	125			300	200	9.8	230
200	9.8	175	80	8.1	145			360	250	10.5	240
		200	100	8.4	145			420	300	11.2	245
		230	125	8.7	145			480	350	11.9	250
		255	150	9.1	150	400	12.6	170	80	8.1	245
		315	200	9.8	155			190	100	8.4	245
250	10.5	180	80	8.1	170			240	125	8.7	250
		200	100	8.4	170			250	150	9.1	250
		230	125	8.7	175			310	200	9.8	255
		260	150	9.1	175			360	250	10.5	260
		315	200	9.8	180			420	300	11.2	265
		375	250	10.5	190			480	350	11.9	275
300	11.2	190	80	8.1	195			540	400	12.6	280
		205	100	8.4	195	450	13.3	180	80	8.1	270
		240	125	8.7	200			200	100	8.4	270

第 2 章 球墨铸铁管件

续表

主管			支管			主管			支管		
DN	e	Lu	dn	e_1	Lu′	DN	e	Lu	dn	e_1	Lu′
450	13.3	250	125	8.7	275	700	16.8	330	200	9.8	415
		260	150	9.1	275			390	250	10.5	415
		310	200	9.8	280			440	300	11.2	415
		370	250	10.5	285			500	350	11.9	420
		430	300	11.2	290			560	400	12.6	425
		480	350	11.9	300			610	450	13.3	430
		540	400	12.6	305			680	500	14.0	430
		600	450	13.3	310			770	600	15.4	430
500	14.0	200	80	8.1	295			910	700	16.8	455
		230	100	8.4	295	800	18.2	240	80	8.1	445
		250	125	8.7	300			260	100	8.4	455
		280	150	9.1	300			290	125	8.7	455
		330	200	9.8	310			310	150	9.1	460
		380	250	10.5	310			360	200	9.8	465
		440	300	11.2	320			420	250	10.5	465
		490	350	11.9	325			480	300	11.2	470
		540	400	12.6	330			530	350	11.9	475
		600	450	13.3	335			590	400	12.6	475
		660	500	14.0	340			640	450	13.3	485
600	15.4	180	80	8.1	345			690	500	14.0	485
		200	100	8.4	345			800	600	15.4	485
		250	125	8.7	350			920	700	16.8	495
		260	150	9.1	350			1030	800	18.2	515
		320	200	9.8	360	900	19.6	240	80	8.1	505
		380	250	10.5	360			260	100	8.4	505
		430	300	11.2	370			290	125	8.7	505
		490	350	11.9	375			310	150	9.1	515
		550	400	12.6	380			360	200	9.8	520
		610	450	13.3	385			420	250	10.5	520
		670	500	14.0	390			480	300	11.2	525
		780	600	15.4	400			530	350	11.9	525
700	16.8	210	80	8.1	395			590	400	12.6	530
		230	100	8.4	405			640	450	13.3	535
		250	125	8.7	405			690	500	14.0	535
		280	150	9.1	405			800	600	15.4	535

续表

主管			支管			主管			支管		
DN	e	Lu	dn	e_1	Lu'	DN	e	Lu	dn	e_1	Lu'
900	19.6	920	700	16.8	535	1100	22.4	1380	1100	22.4	680
		1040	800	18.2	550	1200	23.8	240	80	8.1	665
		1150	900	19.6	575			260	100	8.4	665
1000	21.0	240	80	8.1	560			290	125	8.7	665
		260	100	8.4	560			310	150	9.1	675
		290	125	8.7	560			360	200	9.8	675
		310	150	9.1	570			420	250	10.5	675
		360	200	9.8	570			480	300	11.2	680
		420	250	10.5	570			530	350	11.9	685
		480	300	11.2	575			590	400	12.6	685
		530	350	11.9	575			650	450	13.3	695
		590	400	12.6	580			710	500	14.0	695
		640	450	13.3	585			820	600	15.4	695
		690	500	14.0	585			940	700	16.8	695
		810	600	15.4	585			1050	800	18.2	710
		930	700	16.8	585			1170	900	19.6	710
		1040	800	18.2	605			1290	1000	21.0	710
		1160	900	19.6	605			1520	1200	23.8	760
		1270	1000	21.0	635	1400	26.6	250	80	8.1	765
1100	22.4	240	80	8.1	605			270	100	8.4	765
		260	100	8.4	605			300	125	8.7	765
		290	125	8.7	605			330	150	9.1	765
		310	150	9.1	605			390	200	9.8	765
		370	200	9.8	605			440	250	10.5	765
		430	250	10.5	605			480	300	11.2	770
		490	300	11.2	605			530	350	11.9	770
		540	350	11.9	610			590	400	12.6	770
		600	400	12.6	610			650	450	13.3	770
		640	450	13.3	610			710	500	14.0	770
		690	500	14.0	615			820	600	15.4	775
		810	600	15.4	620			940	700	16.8	785
		930	700	16.8	630			1050	800	18.2	815
		1040	800	18.2	660			1170	900	19.6	815
		1160	900	19.6	665			1290	1000	21.0	815
		1270	1000	21.0	670			1400	1100	22.4	825

续表

主管			支管			主管			支管		
DN	e	Lu	dn	e_1	Lu'	DN	e	Lu	dn	e_1	Lu'
1400	26.6	1520	1200	23.8	835			745	500	14.0	890
		1740	1400	26.6	855			860	600	15.4	900
1500	28.0	855	600	15.4	850			1095	800	18.2	925
		1320	1000	21.0	895	1600	29.4	1325	1000	21.0	945
1600	29.4	400	200	9.8	865			1560	1200	23.8	965
		455	250	10.5	865			1970	1400	26.6	1030
		515	300	11.2	870			2200	1600	29.4	1050
		630	400	12.6	880						

（4）承插单支承丁字管如图2-18所示，其技术参数如表2-19所示。

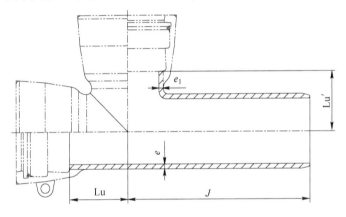

图2-18 承插单支承丁字管

表2-19 承插单支承丁字管技术参数   单位：mm

主管				支管			主管				支管		
DN	e	Lu	J	DN	e_1	Lu'	DN	e	Lu	J	DN	e_1	Lu'
100	8.4	85	275	80	8.1	95	200	9.8	90	275	80	8.1	145
		95	275	100	8.4	95			100	280	100	8.4	145
125	8.7	85	280	80	8.1	105			115	305	125	8.7	145
		95	290	100	8.4	110			130	310	150	9.1	150
		110	295	125	8.7	110			160	340	200	9.8	155
150	9.1	85	275	80	8.1	120	250	10.5	90	300	80	8.1	170
		100	280	100	8.4	120			100	280	100	8.4	170
		115	305	125	8.7	120			115	315	125	8.7	170
		130	310	150	9.1	125			130	310	150	9.1	175

续表

主 管				支 管			主 管				支 管		
DN	e	Lu	J	DN	e_1	Lu'	DN	e	Lu	J	DN	e_1	Lu'
250	10.5	160	340	200	9.8	180	450	13.3	300	525	450	13.3	290
		190	370	250	10.5	190			100	320	80	8.1	295
300	11.2	95	300	80	8.1	190			115	330	100	8.4	295
		105	285	100	8.4	195			125	345	125	8.7	300
		120	320	125	8.7	225			140	360	150	9.1	300
		130	310	150	9.1	200			165	390	200	9.8	300
		160	340	200	9.8	205	500	14.0	195	395	250	10.5	310
		190	370	250	10.5	210			225	425	300	11.2	315
		220	400	300	11.2	220			255	455	350	11.9	315
350	11.9	90	300	80	8.1	215			285	485	400	12.6	315
		100	310	100	8.4	215			300	525	450	13.3	315
		120	325	125	8.7	215			340	540	500	14.0	325
		125	340	150	9.1	215			90	325	80	8.1	345
		160	340	200	9.8	220			100	330	100	8.4	345
		190	370	250	10.5	235			125	345	125	8.7	350
		220	400	300	11.2	235			130	360	150	9.1	350
		250	430	350	11.9	235			160	390	200	9.8	350
400	12.6	85	300	80	8.1	240	600	15.4	190	415	250	10.5	360
		95	310	100	8.4	240			230	430	300	11.2	365
		120	330	125	8.7	250			255	455	350	11.9	365
		125	340	150	9.1	250			285	485	400	12.6	365
		165	345	200	9.8	250			305	525	450	13.3	365
		195	375	250	10.5	260			345	545	500	14.0	375
		220	400	300	11.2	265			400	600	600	15.4	380
		250	430	350	11.9	265			105	345	80	8.1	395
		280	460	400	12.6	265			115	345	100	8.4	405
450	13.3	90	320	80	8.1	265			125	360	125	8.7	405
		100	330	100	8.4	265			140	370	150	9.1	405
		125	345	125	8.7	275			165	400	200	9.8	415
		130	360	150	9.1	275	700	16.8	195	430	250	10.5	415
		155	390	200	9.8	280			230	480	300	11.2	415
		185	415	250	10.5	285			260	510	350	11.9	420
		215	445	300	11.2	290			290	540	400	12.6	425
		240	460	350	11.9	290			305	525	450	13.3	430
		270	500	400	12.6	290			345	595	500	14.0	430

续表

主管				支管			主管				支管		
DN	e	Lu	J	DN	e_1	Lu'	DN	e	Lu	J	DN	e_1	Lu'
700	16.8	405	655	600	15.4	430			180	495	200	9.8	570
		465	715	700	16.8	455			210	525	250	10.5	570
800	18.2	120	355	80	8.1	445			240	545	300	11.2	575
		130	355	100	8.4	455			265	575	350	11.9	575
		145	370	125	8.7	455			295	600	400	12.6	580
		155	380	150	9.1	460	1000	21.0	320	620	450	13.3	585
		180	410	200	9.8	465			345	650	500	14.0	585
		210	440	250	10.5	465			415	715	600	15.4	585
		240	450	300	11.2	470			470	770	700	16.8	585
		265	485	350	11.9	475			530	830	800	18.2	605
		290	540	400	12.6	475			580	880	900	19.6	605
		320	535	450	13.3	485			645	945	1000	21.0	635
		350	600	500	14.0	485			120	435	80	8.1	600
		410	660	600	15.4	485			130	450	100	8.4	600
		460	690	700	16.8	495			145	460	125	8.7	600
		525	775	800	18.2	515			155	480	150	9.1	600
900	19.6	120	410	80	8.1	495			185	510	200	9.8	605
		130	425	100	8.4	505			215	540	250	10.5	605
		145	435	125	8.7	505			245	560	300	11.2	605
		155	455	150	9.1	515			270	590	350	11.9	610
		180	485	200	9.8	520	1100	22.4	300	615	400	12.6	610
		210	515	250	10.5	520			320	635	450	13.3	610
		240	535	300	11.2	525			345	665	500	14.0	615
		265	565	350	11.9	525			405	725	600	15.4	620
		295	590	400	12.6	530			415	715	700	16.8	630
		320	610	450	13.3	535			535	835	800	18.2	660
		350	600	500	14.0	535			590	890	900	19.6	665
		410	660	600	15.4	535			635	1060	1000	21.0	670
		470	720	700	16.8	535			705	1005	1100	22.4	680
		520	815	800	18.2	550			120	475	80	8.1	655
		585	835	900	19.6	575			130	490	100	8.4	665
1000	21.0	120	420	80	8.1	550	1200	23.8	145	500	125	8.7	665
		130	435	100	8.4	560			155	515	150	9.1	675
		145	445	125	8.7	560			180	545	200	9.8	675
		155	465	150	9.1	570			210	575	250	10.5	675

续表

主管				支管			主管				支管		
DN	e	Lu	J	DN	e_1	Lu'	DN	e	Lu	J	DN	e_1	Lu'
1200	23.8	240	605	300	11.2	680	1400	26.6	355	735	500	14.0	770
		265	630	350	11.9	685			410	790	600	15.4	775
		295	655	400	12.6	685			470	845	700	16.8	785
		325	675	450	13.3	695			525	905	800	18.2	815
		355	710	500	14.0	695			600	900	900	19.6	815
		385	675	600	15.4	695			660	960	1000	21.0	815
		470	820	700	16.8	695			700	1065	1100	22.4	825
		535	835	800	18.2	710			775	1075	1200	23.8	835
		595	895	900	19.6	710			890	1190	1400	26.6	855
		650	950	1000	21.0	710	1600	29.4	200	720	200	9.8	865
		770	1070	1200	23.8	760			230	750	250	10.5	865
1400	26.6	125	500	80	8.1	755			260	780	300	11.2	870
		135	515	100	8.4	755			315	830	400	12.6	880
		150	525	125	8.7	760			370	885	500	14.0	890
		165	540	150	9.1	765			430	935	600	15.4	900
		195	570	200	9.8	765			550	1050	800	18.2	925
		220	600	250	10.5	765			660	1165	1000	21.0	945
		240	630	300	11.2	770			780	1275	1200	23.8	965
		265	655	350	11.9	770			985	1380	1400	26.6	1030
		295	680	400	12.6	770			1010	1490	1600	29.4	1050
		325	700	450	13.3	770							

（5）承插单支盘丁字管如图 2-19 所示，其技术参数如表 2-20 所示。

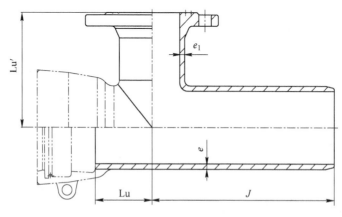

图 2-19 承插单支盘丁字管

表 2-20 承插单支盘丁字管技术参数　　　　　　单位：mm

主管				支管			主管				支管		
DN	e_1	Lu	J	dn	e_2	Lu′	DN	e_1	Lu	J	dn	e_2	Lu′
100	8.4	85	275	80	8.1	175	400	12.6	95	355	80	8.1	355
		95	285	100	8.4	180			105	355	100	8.4	360
125	8.7	85	275	80	8.1	190			115	360	125	8.7	345
		100	285	100	8.4	195			135	390	150	9.1	370
		110	275	125	8.7	200			160	415	200	9.8	380
150	9.1	85	275	80	8.1	205			190	445	250	10.5	390
		100	285	100	8.4	210			220	475	300	11.2	400
		110	285	125	8.7	215			240	500	350	11.9	400
		130	310	150	9.1	220			280	530	400	12.6	420
200	9.8	90	275	80	8.1	235	450	13.3	95	355	80	8.1	370
		100	280	100	8.4	240			110	355	100	8.4	390
		110	285	125	8.7	240			115	360	125	8.7	405
		130	310	150	9.1	250			135	390	150	9.1	400
		150	340	200	9.8	260			165	415	200	9.8	410
250	10.5	90	315	80	8.1	265			195	445	250	10.5	420
		100	325	100	8.4	270			220	475	300	11.2	430
		115	325	125	8.7	255			240	500	350	11.9	440
		130	360	150	9.1	280			280	530	400	12.6	450
		150	385	200	9.8	290			310	555	450	13.3	460
		180	415	250	10.5	300	500	14.0	95	355	80	8.1	400
300	11.2	90	340	80	8.1	295			110	355	100	8.4	420
		105	355	100	8.4	300			120	360	125	8.7	420
		115	360	125	8.7	285			140	390	150	9.1	425
		130	390	150	9.1	310			165	415	200	9.8	440
		160	415	200	9.8	320			190	445	250	10.5	440
		190	445	250	10.5	330			220	475	300	11.2	440
		215	475	300	11.2	340			245	500	350	11.9	450
350	11.9	95	345	80	8.1	325			280	530	400	12.6	480
		100	355	100	8.4	330			300	555	450	13.3	480
		115	360	125	8.7	315			340	580	500	14.0	500
		135	390	150	9.1	340	600	15.4	100	355	80	8.1	460
		160	415	200	9.8	350			100	355	100	8.4	460
		190	445	250	10.5	350			120	360	125	8.7	465
		210	475	300	11.2	350			130	390	150	9.1	470
		240	500	350	11.9	380			170	415	200	9.8	500

续表

主管				支管			主管				支管		
DN	e_1	Lu	J	dn	e_2	Lu'	DN	e_1	Lu	J	dn	e_2	Lu'
600	15.4	190	445	250	10.5	490	900	19.6	130	450	100	8.4	610
		215	475	300	11.2	500			145	465	125	8.7	615
		245	500	350	11.9	510			155	485	150	9.1	620
		285	530	400	12.6	540			180	515	200	9.8	645
		305	555	450	13.3	530			210	545	250	10.5	645
		335	580	500	14.0	540			240	565	300	11.2	650
		400	635	600	15.4	580			265	600	350	11.9	660
700	16.8	105	345	80	8.1	490			295	630	400	12.6	675
		115	345	100	8.4	490			320	660	450	13.3	665
		125	361	125	8.7	495			345	700	500	14.0	670
		140	370	150	9.1	500			400	760	600	15.4	685
		170	385	200	9.8	525			460	795	700	16.8	700
		195	430	250	10.5	515			520	855	800	18.2	715
		220	440	300	11.2	520			585	905	900	19.6	750
		250	475	350	11.9	530	1000	21.0	120	450	80	8.1	670
		285	495	400	12.6	555			130	460	100	8.4	670
		305	525	450	13.3	545			145	475	125	8.7	675
		340	560	500	14.0	550			155	495	150	9.1	680
		385	595	600	15.4	565			180	525	200	9.8	705
		460	690	700	16.8	600			210	555	250	10.5	705
800	18.2	120	355	80	8.1	550			240	575	300	11.2	710
		130	355	100	8.4	550			265	610	350	11.9	720
		145	371	125	8.7	555			295	640	400	12.6	735
		155	381	150	9.1	560			320	670	450	13.3	725
		175	395	200	9.8	585			345	710	500	14.0	730
		210	441	250	10.5	585			405	770	600	15.4	745
		240	451	300	11.2	585			465	805	700	16.8	760
		265	485	350	11.9	590			520	865	800	18.2	775
		290	505	400	12.6	615			580	915	900	19.6	790
		320	535	450	13.3	615			645	980	1000	21.0	825
		345	571	500	14.0	615	1100	22.4	120	465	80	8.1	730
		400	605	600	15.4	625			130	475	100	8.4	730
		460	700	700	16.8	640			145	490	125	8.7	735
		515	760	800	18.2	655			155	510	150	9.1	740
900	19.6	120	440	80	8.1	605			180	540	200	9.87	745

续表

主管			支管			主管			支管		
DN	e_1	Lu	dn	e_2	Lu'	DN	e_1	Lu	dn	e_2	Lu'
1100	22.4	210	570	250	10.5	755	1400	26.6	210	535	100	8.4	875

主管			支管			主管			支管		
DN	e_1	Lu	J	dn	e_2	Lu'	DN	e_1	Lu	J	dn	e_2	Lu'
1100	22.4	210	570	250	10.5	755	1400	26.6	210	535	100	8.4	875
		240	590	300	11.2	760			225	550	125	8.7	880
		265	625	350	11.9	770			240	570	150	9.1	880
		300	655	400	12.6	795			270	595	200	9.8	890
		325	685	450	13.3	795			280	625	250	10.5	895
		350	725	500	14.0	795			325	655	300	11.2	905
		415	785	600	15.4	825			355	685	350	11.9	910
		470	820	700	16.8	830			385	715	400	12.6	920
		525	880	800	18.2	835			415	745	450	13.3	925
		585	930	900	19.6	850			440	785	500	14.0	935
		640	995	1000	21.0	870			515	845	600	15.4	980
		695	1045	1100	22.4	880			560	880	700	16.8	990
1200	23.8	120	500	80	8.1	790			630	940	800	18.2	1010
		130	510	100	8.4	790			675	990	900	19.6	1020
		145	525	125	8.7	795			750	1055	1000	21.0	1040
		155	545	150	9.1	800			790	1105	1100	22.4	1045
		180	570	200	9.8	805			850	1170	1200	23.8	1050
		210	600	250	10.5	815	1600	29.4	85	275	80	8.1	165
		240	630	300	11.2	820			225	755	100	8.4	1025
		265	660	350	11.9	830			260	755	150	9.1	1025
		295	690	400	12.6	835			290	730	200	9.8	1030
		325	720	450	13.3	845			320	760	250	10.5	1040
		355	760	500	14.0	850			345	790	300	11.2	1045
		420	820	600	15.4	885			405	860	400	12.6	1060
		470	855	700	16.8	885			520	915	600	15.4	1090
		535	915	800	18.2	915			640	970	800	18.2	1120
		595	965	900	19.6	920			750	1090	1000	21.0	1150
		650	1030	1000	21.0	945			870	1210	1200	23.8	1180
		760	1145	1200	23.8	955			985	1315	1400	26.6	1210
1400	26.6	170	525	80	8.1	870			1100	1430	1600	29.4	1240

2.2.6 可拆卸接头

可拆卸接头如图 2-20 所示,其技术参数如表 2-21 所示。

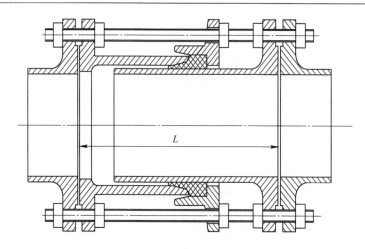

图 2-20 可拆卸接头

表 2-21 可拆卸接头技术参数　　　　　　　　　　单位：mm

DN	L			
	PN10	PN16	PN25	PN40
100	200	200	220	220
150	200	200	230	230
200	220	220	230	240
250	220	230	250	260
300	220	250	250	280
350	230	260	270	290
400	230	270	280	340
450	250	270	280	340
500	260	280	300	380
600	260	300	320	390
700	335	335	335	—
800	335	335	335	—
900	355	355	355	—
1000	355	355	355	—
1200	375	375	375	—
1400	380	380	—	—
1500	450	450	—	—
1600	450	450	—	—

2.2.7 减径法兰

减径法兰如图 2-21 所示，其技术参数如表 2-22、表 2-23 和表 2-24 所示。

第 2 章 球墨铸铁管件

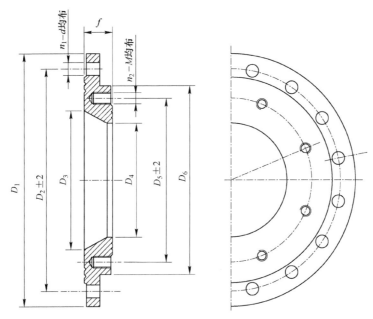

图 2-21 减径法兰

表 2-22 减径法兰（PN10）技术参数 单位：mm

DN×dn	D_1	D_2	D_3	D_4	D_5	D_6	n_1	n_2	d	M	f
200×80	340	295	118	84	160	200	8	8	23	16	39
200×100	340	295	144	104	180	220	8	8	23	16	39
250×80	400	350	118	84	160	200	12	8	23	16	41
250×100	400	350	148	104	180	220	12	8	23	16	41
250×150	400	350	200	154	240	285	12	8	23	20	43
300×80	455	400	118	84	160	200	12	8	23	16	44
300×100	455	400	148	104	180	220	12	8	23	16	44
300×150	455	400	200	154	240	285	12	8	23	20	44
300×200	455	400	250	205	295	340	12	8	23	20	45
350×80	505	460	118	84	160	200	16	8	23	16	44
350×100	505	460	148	104	180	220	16	8	23	16	44
350×150	505	460	203	155	240	285	16	8	23	20	44
350×200	505	460	250	205	295	340	16	8	23	20	44
350×250	505	460	303	254	350	400	16	12	23	20	47
400×80	565	515	118	84	160	200	16	8	28	16	44
400×100	565	515	148	104	180	220	16	8	28	16	44
400×150	565	515	205	155	240	285	16	8	28	20	44
400×200	565	515	270	205	295	340	16	8	28	20	45

续表

DN×dn	D_1	D_2	D_3	D_4	D_5	D_6	n_1	n_2	d	M	f
400×250	565	515	303	254	350	400	16	12	28	20	47
400×300	565	515	354	309	400	455	16	12	28	20	49
500×80	670	620	118	84	160	200	20	8	28	16	46
500×100	670	620	148	104	180	220	20	8	28	16	46
500×150	670	620	203	155	240	285	20	8	28	20	46
500×200	670	620	250	205	295	340	20	8	28	20	47
500×250	670	620	303	254	350	400	20	12	28	20	49
500×300	670	620	354	309	400	455	20	12	28	20	51
500×350	670	620	409	354	460	505	20	16	28	20	51
500×400	670	620	464	409	515	565	20	16	28	24	51
600×80	780	725	118	84	160	200	20	8	31	16	49
600×100	780	725	148	104	180	220	20	8	31	16	49
600×150	780	725	205	155	240	285	20	8	31	20	49
600×200	780	725	250	205	295	340	20	8	31	20	50
600×250	780	725	303	254	350	400	20	12	31	20	52
600×300	780	725	354	309	400	455	20	12	31	20	55
600×350	780	725	409	354	460	505	20	16	31	20	55
600×400	780	725	464	409	515	565	20	16	31	24	55
600×450	780	725	515	455	565	615	20	20	31	24	55
800×80	1015	950	118	84	160	200	24	8	34	16	54
800×100	1015	950	148	104	180	220	24	8	34	16	54
800×150	1015	950	205	155	240	295	24	8	34	20	54
800×200	1015	950	250	205	295	340	24	8	34	20	55
800×250	1015	950	303	254	350	400	24	12	34	20	57
800×300	1015	950	354	309	400	455	24	12	34	20	60
800×350	1015	950	409	354	460	505	24	16	34	20	60
800×400	1015	950	464	409	515	565	24	16	34	24	60
800×450	1015	950	515	455	565	615	24	20	34	24	60
800×500	1015	950	566	508	620	670	24	20	34	24	62
800×600	1015	950	670	608	725	780	24	20	34	27	65

表 2-23 减径法兰（PN16）技术参数　　　单位：mm

DN×dn	D_1	D_2	D_3	D_4	D_5	D_6	n_1	n_2	d	M	f
200×80	340	295	118	84	160	200	12	8	23	16	39
200×100	340	295	144	104	180	220	12	8	23	16	39
250×80	400	355	118	84	160	200	12	8	28	16	41

第 2 章 球墨铸铁管件

续表

DN×dn	D_1	D_2	D_3	D_4	D_5	D_6	n_1	n_2	d	M	f
250×100	400	355	148	104	180	220	12	8	28	16	41
250×150	400	355	200	154	240	285	12	8	28	20	43
300×80	455	410	118	84	160	200	12	8	28	16	44
300×100	455	410	148	104	180	220	12	8	28	16	44
300×150	455	410	200	154	240	285	12	8	28	20	44
300×200	455	410	250	205	295	340	12	12	28	20	45
350×80	520	470	118	84	160	200	16	8	28	16	45
350×100	520	470	148	104	180	220	16	8	28	16	45
350×150	520	470	203	155	240	285	16	8	28	20	45
350×200	520	470	250	205	295	340	16	12	28	20	46
350×250	520	470	303	254	355	400	16	12	28	24	48
400×80	580	525	118	84	160	200	16	8	31	16	47
400×100	580	525	148	104	180	220	16	8	31	16	47
400×150	580	525	205	155	240	285	16	8	31	20	47
400×200	580	525	270	205	295	340	16	12	31	20	48
400×250	580	525	303	254	355	400	16	12	31	24	50
400×300	580	525	354	309	410	455	16	12	31	24	52
500×80	715	650	118	84	160	200	20	8	34	16	50
500×100	715	650	148	104	180	220	20	8	34	16	50
500×150	715	650	203	155	240	285	20	8	34	20	50
500×200	715	650	250	205	295	340	20	12	34	20	50
500×250	715	650	303	254	350	400	20	12	34	24	52
500×300	715	650	354	309	400	455	20	12	34	24	56
500×350	715	650	409	354	470	520	20	16	34	24	58
500×400	715	650	464	409	525	580	20	16	34	27	60
600×80	840	770	118	84	160	200	20	8	37	16	55
600×100	840	770	148	104	180	220	20	8	37	16	55
600×150	840	770	205	155	240	285	20	8	37	20	55
600×200	840	770	250	205	295	340	20	12	37	20	56
600×250	840	770	303	254	355	400	20	12	37	24	58
600×300	840	770	354	309	410	455	20	12	37	24	60
600×350	840	770	409	354	470	520	20	16	37	24	62
600×400	840	770	464	409	525	580	20	16	37	27	64
600×450	840	770	515	455	585	640	20	20	37	27	66
800×80	1025	950	118	84	160	200	24	8	40	16	62
800×100	1025	950	148	104	180	220	24	8	40	16	62

续表

DN×dn	D_1	D_2	D_3	D_4	D_5	D_6	n_1	n_2	d	M	f
800×150	1025	950	205	155	240	295	24	8	40	20	62
800×200	1025	950	250	205	295	340	24	12	40	20	63
800×250	1025	950	303	254	355	400	24	12	40	24	65
800×300	1025	950	354	309	410	455	24	12	40	24	67
800×350	1025	950	409	354	470	520	24	16	40	24	68
800×400	1025	950	464	409	525	580	24	16	40	27	70
800×450	1025	950	515	455	585	640	24	20	40	27	73
800×500	1025	950	566	508	650	715	24	20	40	30	74
800×600	1025	950	670	608	770	840	24	20	40	33	79

表 2-24 减径法兰（PN25）技术参数　　　　　　单位：mm

DN×dn	D_1	D_2	D_3	D_4	D_5	D_6	n_1	n_2	d	M	f
200×80	360	310	118	84	160	200	12	8	28	16	41
200×100	360	310	144	104	190	235	12	8	28	20	41
250×80	425	370	118	84	160	200	12	8	31	16	43
250×100	425	370	148	104	190	235	12	8	31	20	43
250×150	425	370	200	154	250	300	12	8	31	24	44
300×80	485	430	118	84	160	200	16	8	31	16	46
300×100	485	430	148	104	190	235	16	8	31	20	46
300×150	485	430	200	154	250	300	16	8	31	24	47
300×200	485	430	250	205	310	360	16	12	31	24	50
350×80	555	490	118	84	160	200	16	8	34	16	49
350×100	555	490	148	104	190	235	16	8	34	20	49
350×150	555	490	203	155	250	300	16	8	34	24	50
350×200	555	490	250	205	310	360	16	12	34	24	52
350×250	555	490	303	254	370	425	16	12	34	27	54
400×80	620	550	118	84	160	200	16	8	37	16	51
400×100	620	550	148	104	190	235	16	8	37	20	51
400×150	620	550	205	155	250	300	16	8	37	24	52
400×200	620	550	270	205	310	360	16	12	37	24	54
400×250	620	550	303	254	370	425	16	12	37	27	56
400×300	620	550	354	309	430	485	16	16	37	27	60
500×80	730	660	118	84	160	200	20	8	37	16	55

续表

DN×dn	D_1	D_2	D_3	D_4	D_5	D_6	n_1	n_2	d	M	f
500×100	730	660	148	104	190	235	20	8	37	20	55
500×150	730	660	203	155	250	300	20	8	37	24	56
500×200	730	660	250	205	310	360	20	12	37	24	58
500×250	730	660	303	254	370	425	20	12	37	27	61
500×300	730	660	354	309	430	485	20	16	37	27	64
500×350	730	660	409	354	490	555	20	16	37	30	66
500×400	730	660	464	409	550	620	20	16	37	33	68
600×80	845	770	118	84	160	200	20	8	40	16	61
600×100	845	770	148	104	190	235	20	8	40	20	61
600×150	845	770	205	155	250	300	20	8	40	24	62
600×200	845	770	250	205	310	360	20	12	40	24	64
600×250	845	770	303	254	370	425	20	12	40	27	66
600×300	845	770	354	309	430	485	20	16	40	27	70
600×350	845	770	409	354	490	555	20	16	40	30	72
600×400	845	770	464	409	550	620	20	16	40	33	74
600×450	845	770	515	455	600	670	20	20	40	33	76
800×80	1085	990	118	84	160	200	24	8	49	16	70
800×100	1085	990	148	104	190	235	24	8	49	20	70
800×150	1085	990	205	155	250	300	24	8	49	24	71
800×200	1085	990	250	205	310	360	24	12	49	24	73
800×250	1085	990	303	254	370	425	24	12	49	27	75
800×300	1085	990	354	309	430	485	24	12	49	27	78
800×350	1085	990	409	354	490	555	24	16	49	30	81
800×400	1085	990	464	409	550	620	24	16	49	33	83
800×450	1085	990	515	455	600	670	24	20	49	33	85
800×500	1085	990	566	508	660	730	24	20	49	33	87
800×600	1085	990	670	608	770	845	24	20	49	36	93

第3章 球墨铸铁预制保温管

球墨铸铁预制保温管是以球墨铸铁管作为工作管、以硬质聚氨酯泡沫塑料为保温层,外护聚乙烯塑料保护层的工厂预制产品。这种预制保温管和传统的钢质工作管的预制保温管一样,可以用于热水管道的直埋敷设。

球墨铸铁工作管耐腐蚀、流动阻力小,因而可节省输送能耗;球墨铸铁预制保温管供热直埋管系轴向近零应力,因而预制保温管周围回填砂高度不再要求超过管顶200~300 mm;预制保温管之间的组对接口允许一定的径向偏转,因而高温条件下也允许出现小角度的折角。这是球墨铸铁预制保温管的主要优点,管径越大这些优点越突出。但是这些优点依赖于承插连接及其密封圈,因而密封圈具有稳定的质量至关重要,是球墨铸铁预制保温管直埋敷设成败的关键,这个产品的问世正是得益于耐热密封橡胶的成功研发。

3.1 球墨铸铁预制保温管构造

球墨铸铁预制保温管结构管如图3-1所示。图3-1(a)为平直保温结构管,预制保温管的保温长度在球墨铸铁管平直段,承口和插口都保留一定长度的裸管。图3-1(b)为异型保温结构管,预制保温长度从承口到平直段,只在插口保留一定长度的裸管。球墨铸铁管外表面均匀喷涂99.99%的纯锌密度为130 g/m²,锌层外面为硬质聚氨酯泡沫塑料和高密度聚乙烯外护管。球墨铸铁管内表面有两种处理方法,一种是管内衬耐高温减阻涂层;另一种是无内衬,将内表面打磨到其当量粗糙度与钢管的相当为止。

保温管按设计要求制作,各项性能指标应符合 GB/T 29047 的规定。

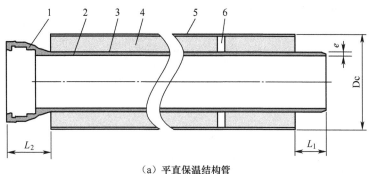

(a) 平直保温结构管

图3-1 球墨铸铁预制保温管结构管

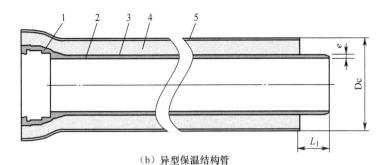

(b)异型保温结构管

图 3-1 球墨铸铁预制保温管结构管（续）

1—球墨铸铁管；2—内衬；3—外防腐层；4—保温层；5—外护管；
6—支架；Dc—外护管外径；L_1—插口预留长度；L_2—承口预留长度。

3.2 保温层及外护管

保温层和外护管像钢质预制保温管一样，硬质聚氨酯泡沫塑料保温层可采用"管中管"发泡一次成型，也可以采用"喷涂缠绕"工艺制作。保温层厚度按照设计要求制作，并保证运行时外护管外表面温度不大于 50 ℃。

高密度聚乙烯外护管可采用挤出成型或挤出片材缠绕成型工艺制作。两种预制保温管技术应分别满足 GB/T 29047 及 GB/T 34611 的规定。

3.3 预制保温管件结构

预制保温管结构示意如图 3-2 所示。外护管可采用热收缩套或高密度聚乙烯外护管。高密度聚乙烯外护管应符合 GB/T 29047 的要求，热收缩套应符合 GB/T 23257 的要求。

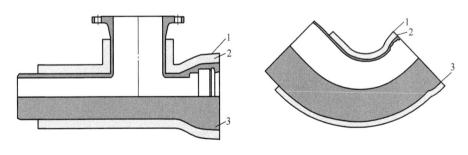

(a)三通预制保温结构示意　　　　(b)弯头预制保温结构示意

图 3-2 预制保温管结构示意

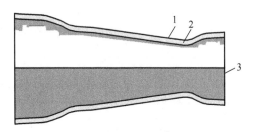

（c）异径管预制保温结构示意

图 3-2　预制保温管结构示意（续）

1—外护管；2—保温层；3—球墨铸铁管。

3.4　组对保温接头

平直预制保温管组对接头包括：外护层凸板结构、外护层平板结构，如图 3-3 所示。平直预制保温管组对接头可采用电熔焊式外护层（电熔焊式接头外护层与保温管外护层的熔体质量流动速率差值不应大于 0.5 g/10 min）。

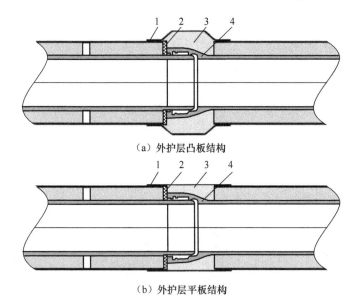

（a）外护层凸板结构

（b）外护层平板结构

图 3-3　平直预制保温管组对接头示意

1—外护层；2—纳米孔气凝胶复合材料；3—聚氨酯保温层；4—球墨铸铁管。

异形保温管组对接头示意如图 3-4 所示。异形保温管组对接头除可采用电熔焊式外护层外还可采用橡胶套、热收缩套。

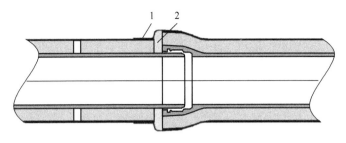

图 3-4 异形保温管组对接头示意
1—外护层；2—纳米孔气凝胶复合材料。

纳米孔气凝胶复合材料性能应符合 GB/T 34336 的规定，橡胶套材料性能见 3.6 节，热收缩套材料性能应符合 GB/T 23257 的规定。

保温管组对接头应进行密封性、焊缝耐环境应力开裂、耐土壤应力性能等试验。进行耐土壤应力性能试验后外护层应无破损，进行水密性试验后不应有地表水渗透至保温管组对接头内部，并符合 GB/T 38585 的规定。其中，聚氨酯保温层应符合 GB/T 29047 的规定。保温接头外护层宜按图 3-3（a）、图 3-4 进行制作；采用图 3-3（b）进行制作时，承口处保温层厚度应符合工程设计要求。

3.5 球墨铸铁管和管件

球墨铸铁管和管件、表面质量、接口型式与连接、压力分级、尺寸要求、材料性能应符合 GB/T 13295 的规定。球墨铸铁管和管件内表面防腐层材料应符合 GB/T 201 和 GB/T 17457 的规定。内衬厚度如表 3-1 所示。

表 3-1 内衬厚度　　　　　　　　　　　　单位：mm

组	公称直径	内衬厚度	
		公称值	最小值
Ⅰ	DN100~DN300	4	2.5
Ⅱ	DN350~DN600	5	3
Ⅲ	DN700~DN1200	6	3.5
Ⅳ	DN1400~DN1600	9	6

球墨铸铁管和管件外表面在保温前按下列任意一种方式进行表面处理：
（1）按 GB/T 17456.1 的要求涂覆金属锌涂层；
（2）按 GB/T 17456.2 的要求涂覆富锌涂料涂层。
球墨铸铁管和管件内表面可按下列任意一种方式进行表面处理：
（1）无防腐层时，基材表面粗糙度 Rz 不应大于 100 μm；允许存在局部凹坑，局部凹坑深度不大于 1 mm，且不影响壁厚要求。

（2）有防腐层时，应进行循环压力试验，防腐层不应出现脱落、空鼓等缺陷。内表面应符合相关国家标准或国际标准的规定，或由供需双方协商确定。

3.6 组对接口用密封圈（垫）

密封圈（垫）、橡胶套材料应符合表 3-2 的要求；在 130 ℃热水环境中的密封圈（垫）材料预期寿命不应小于 30 年；100 个动摩擦循环周期后（热水动摩擦循环密封性能试验），接口处不应出现渗漏现象；加速老化后进行密封性试验时，接口处不应出现渗漏现象。密封圈（垫）应采用橡胶材料且应符合表 3-2 的要求，法兰接口宜采用柔性石墨金属缠绕垫片，并符合 JB/T 6369 的规定。

表 3-2 橡胶套、密封圈（垫）材料性能指标

序号	性　　能	单位	各硬度等级性能要求			
			密封部位			支撑部位
			50	60	70	90
1	工程硬度允许的误差	IRHD	±5	±5	±5	±5
2	拉伸强度（最小）	MPa	12	12	12	12
3	拉断伸长率（最小）	%	250	200	150	100
4	撕裂强度（最小）	N	20	20	20	20
5	蒸馏水中压缩永久变形 （压缩率 25%和 42%），最大 ①23 ℃，72 h ②130 ℃，24 h	% %	15 25	15 25	15 25	— —
6	蒸馏水中老化，140 ℃，7 d ①硬度变化 ②拉伸强度变化率（最大） ③拉断伸长率变化率（最大）	IRHD % %	−5~8 −20 −30	−5~8 −20 −30	−5~8 −20 −30	−5~8 −20 −30
7	蒸馏水中应力松弛 （压缩率 25%和 42%），最大 ①23 ℃，72 h ②140 ℃，28 h	% %	15 55	15 55	15 55	— —
8	蒸馏水中的体积变化 140 ℃，14 d	%	−1~8	−1~8	−1~8	—
9	耐臭氧	—	目视无龟裂			
10	130℃蒸馏水中压缩永久变形 （压缩率 25%和 42%）10000 h	%	≤50	≤50	≤50	—

3.7 组对过程用润滑剂

管道组对前应用专用润滑剂润滑密封圈（垫）和插口。润滑剂材料性能应符合表3-3的要求；润滑剂与密封圈（垫）的相容性应符合表3-4的要求。

表3-3 润滑剂材料性能

序号	性　　能	单位	指标	试验方法
1	外观	—	均匀，无杂质	目视检查
2	pH（1%水溶液）	—	7.0~9.5	GB/T 5750.4
3	工作锥入度	0.1 mm	200~450	GB/T 269
4	滴点	℃	≥150	GB 4929
5	氧化安定性（99 ℃，100 h，0.7 MPa）	MPa	≤0.065	SH/T 0325
6	闭口闪点	℃	≥150	GB/T 261
7	性能（磨斑直径，1200 r/min。75 ℃，60 min，392 N）	mm	≤0.75	SH/T 0204

表3-4 润滑剂与密封圈（垫）的相容性

序号	性　　能	单位	各硬度等级性能要求		
			50	60	70
1	150 ℃润滑剂×70 h　硬度变化	IRHD	±5	±5	±5
2	150 ℃润滑剂×70 h　体积变化率	%	±5	±5	±5
3	150 ℃润滑剂×70 h　质量变化率	%	±5	±5	±5
4	150 ℃润滑剂×70 h　拉伸强度变化率（最大）	%	−20	−20	−20
5	150 ℃润滑剂×70 h　拉断伸长率变化率（最大）	%	−25	−25	−25

3.8 预制保温管线密封要求

球墨铸铁管和管件都应按GB/T 13295的规定进行工厂密封试验，不应有可见渗漏、出汗现象或有任何其他失效缺陷。柔性接口密封性（内部压力、外部压力、负内压和循环压力）、法兰接口密封性（内部压力和弯矩）等均应符合GB/T 13295的要求。

3.9 管道泄漏监测系统

管道泄漏检测系统宜采用分布式光纤管道泄漏监测系统，也可以采用声频管道泄漏监测系统。

分布式光纤管道泄漏监测系统，由光纤测温解析仪（测温主机）及测温光纤组成。测温光纤与管道平行铺设，通过监测管道外部的温度变化，实现对管道泄漏点的发现。

声频管道泄漏监测系统应用于对介质输送钢制管道的泄漏监测，系统通过安装在介质钢制管道上的声频传感器采集沿钢制管道传播的声音，通过声频处理模块对声频信号进行过滤处理，识别管道泄漏噪声，通过数据传输单元将泄漏监测数据提供给使用者，使用者通过节点管道泄漏声频信息的变化判断和识别管道泄漏状况。

需要说明的是，目前国内预制保温管很少采用在管道保温层内埋设泄漏报警线的方法监测管道泄漏。该方法通过监测报警线的回路阻值及其与管道的绝缘电阻，实时监测管道的泄漏点。详见《直埋供热管道工程设计》（第三版）。

3.10 球墨铸铁预制保温管规格

产品规格应该根据使用地区的客观条件来决定。例如，应根据使用地区的室外气候、埋设情况、介质温度、热价等多种因素，通过计算、比较来确定经济合理的保温层厚度。同样，保护壳厚度的选定应根据加工工艺、管径、埋设深度、施工条件等多种因素综合分析确定。

"管中管"工艺预制保温管规格如表3-5所示，"喷涂缠绕"工艺预制保温管规格如表3-6所示。

表3-5 "管中管"工艺预制保温管规格　　　　　　　　单位：mm

球墨铸铁管 公称直径	球墨铸铁管 外径	球墨铸铁管 壁厚	压力等级	外护管 外径×壁厚
100	118	4.4	C40	200×3.2
125	144	4.5		225×3.4
150	170	4.5		260×3.7
200	222	4.7		320×4.1
250	274	5.5		375×4.7
300	326	6.2		428×5.0
350	378	6.3	C30	500×5.6
400	429	6.5		550×5.9
450	480	6.9		600×6.3
500	532	7.5		655×6.6
600	635	8.7		765×7.6
700	738	8.8	C25	870×8.5
800	842	9.6		975×9.2

第3章 球墨铸铁预制保温管

续表

球墨铸铁管公称直径	球墨铸铁管外径	球墨铸铁管壁厚	压力等级	外护管外径×壁厚
900	945	10.6	C25	1080×10.0
1000	1048	11.6		1188×10.9
1100	1152	12.6		1300×11.8
1200	1255	13.6		1410×12.6
1400	1462	15.7		1630×15.3
1500	1565	16.7		1800×17.0
1600	1668	17.7		1920×20.0

表3-6 "喷涂缠绕"工艺预制保温管规格　　　　单位：mm

球墨铸铁管公称直径	球墨铸铁管外径	球墨铸铁管壁厚	压力等级	外护管外径×壁厚
300	326	6.2	C40	428×4.0
350	378	6.3	C30	500×4.0
400	429	6.5		550×4.0
450	480	6.9		600×4.5
500	532	7.5		655×4.5
600	635	8.7		765×5.0
700	738	8.8	C25	870×5.0
800	842	9.6		975×6.0
900	945	10.6		1080×6.5
1000	1048	11.6		1188×7.0
1100	1152	12.6		1300×8.0
1200	1255	13.6		1410×8.0
1400	1462	15.7		1630×9.0
1500	1565	16.7		1800×10.0
1600	1668	17.7		1900×10.0

注：外护管壁厚参照GB/T 43492《预制保温球墨铸铁管、管件和附件》。

第4章 设 计 计 算

4.1 热负荷及全年耗热量计算

根据相关规范,热力网及用户热力站设计时,采暖、通风、空调及生活热水热负荷,宜采用经核实的建筑物设计热负荷。当无建筑物设计热负荷资料时,民用建筑的采暖、通风、空调及生活热水热负荷,可按下列公式进行计算。

4.1.1 民用建筑采暖热负荷

计算公式如下:

$$Q_h = q_h \cdot A \cdot 10^{-3} \tag{4-1}$$

式中,Q_h 为采暖设计热负荷,kW;A 为某种采暖建筑物的建筑面积,m²;q_h 为采暖热指标,W/m²,各种单一建筑类型的采暖热指标取值如表4-1所示;对于多种建筑类型的综合热指标应进行计算,应等于各种单一建筑类型的热指标的面积加权平均值;对于既有小区,难以确定建筑节能类型,也即无法确定各类建筑的热指标,可以调用历史数据,或参考同类小区历史数据估算热指标。

表 4-1 采暖热指标推荐值   单位:W/m²

建筑物类型	热指标 q_h		
	未采取节能措施	采取二步节能措施	采取三步节能措施
居住	58~64	40~45	30~40
居住区综合	60~67	45~55	40~50
学校、办公	60~80	50~70	45~60
医院、托幼	65~80	55~70	50~60
宾馆	60~70	50~60	45~55
商店	65~80	55~70	50~65
影剧院、展览馆	95~115	80~105	70~100
体育馆	115~165	100~150	90~120

注:1. 表4-1摘自《城镇供热管网设计标准》CJJ/T 34。
2. 表中数值适用于我国严寒和寒冷地区。
3. 热指标中已包括约5%的管网热损失。
4. 被动式节能建筑的采暖热负荷应根据建筑物实际情况确定。

【例4-1】某热力站总供热面积为65000 m²,其中住宅供热面积为50000 m²,学校供热面积为10000 m²,商店供热面积为5000 m²,所供建筑符合第二步节能建筑。

解：热力站分类指标取值如表 4-2 所示。

表 4-2 热力站分类指标取值

序号	建筑类型	建筑面积/m²	热指标/(W/m²)
1	住宅	50000	45
2	学校	10000	70
3	商店	5000	70
	合 计	65000	—

热力站综合热指标计算如下：

$$q = \frac{50000 \times 45 + 10000 \times 70 + 5000 \times 70}{65000} = 50.77 \text{ W/m}^2$$

4.1.2 民用建筑通风热负荷

计算公式如下：

$$Q_v = K_v \cdot Q_h \tag{4-2}$$

式中，Q_v 为通风设计热负荷，kW；Q_h 为采暖设计热负荷，kW；K_v 为建筑物通风热负荷系数，可取 0.3~0.5。

进行集中供热系统热负荷概算时，对于没有特殊通风要求的普通民用建筑，通风热负荷通常不予考虑。

4.1.3 民用建筑空调热负荷

（1）空调冬季热负荷计算公式如下：

$$Q_a = q_a \cdot A \cdot 10^{-3} \tag{4-3}$$

式中，Q_a 为空调冬季设计热负荷，kW；q_a 为空调热指标，W/m²，可按表 4-3 取用，摘自 CJJ/T 34《城镇供热管网设计标准》；A 为空调建筑物的建筑面积，m²。

（2）空调夏季制冷热负荷计算公式如下：

$$Q_c = \frac{q_c \cdot A \cdot 10^{-3}}{\text{COP}} \tag{4-4}$$

式中，Q_c 为空调夏季制冷设计热负荷，kW；q_c 为空调冷指标，W/m²；A 为空调建筑物的建筑面积，m²；COP 为制冷机的性能系数，吸收式制冷机的性能系数可取 0.7~1.2。

对于集中供热系统热负荷的概算，某空调建筑物的冷热指标就是单体建筑的冷热指标。当缺少空调热指标表时，可采用同类建筑物运行数据进行测算。当空调建筑物的冷热指标不能按实际情况取得时，可参考表 4-3 推荐的空调热指标、冷指标估算建筑的热负荷、冷负荷。

表 4-3　空调热指标、冷指标推荐值　　　　　　　　单位：W/m²

建筑物类型	热指标 q_a	冷指标 q_c
办公	50~70	70~100
医院	55~70	60~90
宾馆	50~60	70~100
商店、展览馆	55~70	110~160
影剧院	80~105	140~180
体育馆	100~150	120~180

注：1. 表中数值适用于我国严寒和寒冷地区。
　　2. 寒冷地区的热指标取较小值、冷指标取较大值；严寒地区的热指标取较大值、冷指标取较小值。

4.1.4　民用建筑生活热水热负荷

（1）生活热水平均热负荷计算公式如下：

$$Q_{w.a} = q_w \cdot A \cdot 10^{-3} \tag{4-5}$$

式中，$Q_{w.a}$ 为生活热水平均热负荷，kW；q_w 为生活热水热指标，W/m²，应根据建筑物类型采用实际统计资料，居住区生活热水日平均热指标可按表 4-4 取用；A 为居住区总建筑面积，m²。

表 4-4　居住区生活热水日平均热指标推荐值　　　　　单位：W/m²

生活热水供应情况	热指标 q_a
只对公共建筑供应生活热水	2~3
住宅和公共建筑均供应生活热水	5~15

注：1. 本表摘自《城镇供热管网设计标准》CJJ/T 34—2022。
　　2. 冷水温度较高时采用较小值，冷水温度较低时采用较大值。
　　3. 热指标中已包括约 10% 的管网热损失。

（2）生活热水最大热负荷计算公式如下：

$$Q_{w.max} = K_h \cdot Q_{w.a} \tag{4-6}$$

式中，$Q_{w.max}$ 为生活热水最大热负荷，kW；K_h 为小时变化系数，根据用热水计算单位数按现行国家标准 GB 50015《建筑给水排水设计标准》规定取用。

在进行集中供热系统热负荷概算时，生活热水热负荷取平均热负荷，对于单体建筑取热水最大负荷。

对于集中供热系统，设计热负荷为上述 4 项热负荷之和。总设计热负荷是供热系统最基础的数据，影响热源规模、管网管径、全年能耗费用、工程造价、投资回收期等，因此需要仔细统计供热范围的建筑物面积、单体热指标。但是设计热负荷要根据城市总体规划及人口发展速度，预留一定的安全余量，避免短期内重复建设。

4.1.5 民用建筑采暖期全年耗热量

计算公式如下:

$$Q_h^a = 0.0864 N \cdot Q_h \cdot \frac{t_i - t_a}{t_i - t_{o,h}} \quad (4-7)$$

式中,Q_h^a 为采暖期全年耗热量,GJ;Q_h 为采暖设计热负荷,kW;N 为某供热城镇冬季采暖期天数,d,规范按照连续室外日平均气温小于等于 5 ℃ 或 8 ℃ 统计确定,但是目前国内大部分城市的采暖期天数已经突破规定值,且有进一步升高的趋势,工程设计采用值应按当地实际情况确定;t_i 为采暖期室内计算温度,℃,根据现行国家标准 GB 50736《民用建筑供暖通风与空气调节设计规范》取值。严寒地区和寒冷地区主要房间室内温度应采用 18~24 ℃;夏热冬冷地区主要房间室内温度宜采用 16~22 ℃;设置值班供暖房间室内温度不应低于 5 ℃。

集中供热系统供热面积在几百万乃至几千万平方米,无法考虑每个房间室内温度的差异,因而一般取 18 ℃。随着人民生活水平的不断提高,近几年居民要求的室内温度已经超过 20 ℃,建议全年室内温度取 20 ℃ 左右;t_a 为采暖期平均室外温度,℃;如果采暖期天数与 GB 50736 规定相同,则采暖期平均室外温度按照与 GB 50736 取值,否则按照实际采暖期气象资料统计确定。

$t_{o,h}$ 为采暖期室外计算温度,℃,GB 50736 中的供暖期室外计算温度采用历年平均不保证 5 d 的日平均温度,即 1971—2000 年的气象观测数据为基础进行计算得出;而 GB 50176《民用建筑热工设计规范》中的供暖期室外计算温度依据 1995—2004 年气象数据计算得出,两个规范数据稍有不同,全年耗热量计算结果也有差异。供热设计时依据哪个规范应加以说明,并应征求当地的意见。

【例 4-2】某集中供热系统供暖热负荷为 10 MW,供暖期天数为 125 d,室内计算温度为 18 ℃,冬季室外计算温度为 -9.7 ℃,供暖期室外平均温度为 -1.2 ℃,则供暖期耗热量计算如下:

$$\begin{aligned} Q_h^a &= 0.0864 N Q_h (t_i - t_a)/(t_i - t_{o,h}) \\ &= 0.0864 \times 125 \times 10 \times 1000 \times [18 - (-1.2)]/[18 - (-9.7)] \\ &= 74859.21 \text{ GJ} \end{aligned}$$

4.1.6 民用建筑采暖期通风全年耗热量

计算公式如下:

$$Q_v^a = 0.0036 T_v \cdot N \cdot Q_v \cdot \frac{t_i - t_a}{t_i - t_{o,v}} \quad (4-8)$$

式中,Q_v^a 为采暖期通风全年耗热量,GJ;Q_v 为通风设计热负荷,kW;T_v 为采暖期内通风装置每日平均运行小时数,h;N 为采暖期天数;t_i 为通风室内计算温度,℃;t_a 为采暖期平均室外温度,℃;$t_{o,v}$ 为冬季通风室外计算温度,℃。

4.1.7 民用建筑空调采暖期全年耗热量

计算公式如下：

$$Q_a^a = 0.0036 T_a \cdot N \cdot Q_a \cdot \frac{t_i - t_a}{t_i - t_{o,a}} \tag{4-9}$$

式中，Q_a^a 为空调采暖期全年耗热量，GJ；Q_a 为空调冬季设计热负荷，kW；T_a 为采暖期空调装置每日平均运行小时数，h；N 为采暖期天数，d；t_i 为空调室内计算温度，℃；t_a 为采暖期平均室外温度，℃；$t_{o,a}$ 为冬季空调室外计算温度，℃。

4.1.8 民用建筑空调制冷全年耗热量

计算公式如下：

$$Q_c^a = 0.0036 Q_c \cdot T_{c.max} \tag{4-10}$$

式中，Q_c^a 为供冷期制冷耗热量，GJ；Q_c 为空调夏季设计热负荷，kW；$T_{c.max}$ 为空调夏季最大负荷利用小时数，h。

4.1.9 生活热水全年耗热量

计算公式如下：

$$Q_w^a = 30.24 Q_{w.a} \tag{4-11}$$

式中，Q_w^a 为生活热水全年耗热量，GJ；$Q_{w.a}$ 为生活热水平均热负荷，kW。

4.1.10 工业建筑热负荷及全年耗热量

工业建筑热负荷应依据现行国家标准 GB 50019《工业建筑供暖通风与空气调节设计规范》进行取值。工业建筑的供暖、通风、空调及生活热水的年耗热量可按式（4-5）~式（4-11）计算。

4.2 管道壁厚

球墨铸铁管应按照工作压力进行分级。依据允许工作压力进行分级时，称为压力分级管。球墨铸铁管的管壁应具备足够的强度来承受内水压力及回填土荷载、交通荷载等外部荷载的作用。各首选压力等级管的允许工作压力如表 4-5 所示，管件的允许工作压力不应低于同规格首选工作压力等级管的允许工作压力。管的公称壁厚和允许工作压力如表 4-6 所示。

压力分级管的最小壁厚 e_{min} 不应小于 3.0 mm，应按式（4-12）计算：

$$e_{min} = \frac{PFA \cdot SF \cdot DE}{2R_m + PFA \cdot SF} \tag{4-12}$$

式中，e_{min} 为管的最小壁厚，mm；PFA 为允许工作压力，MPa；SF 为安全系数，取值为 3；DE 为管的公称外径，即插口外径，mm；R_m 为球墨铸铁的最小抗拉强度，MPa，取值见附表 1-1。

第4章 设计计算

表4-5 首选压力等级管的允许工作压力 单位：MPa

压力等级	允许工作压力（PFA）		最大允许工作压力（PMA）		最大允许试验压力（PEA）
	设计温度不高于80℃[a]	设计温度130℃[b]	设计温度不高于80℃[a]	设计温度130℃	
C25	2.50	2.30	3.00	2.76	3.50
C30	3.00	2.76	3.60	3.31	4.10
C40	4.00	3.68	4.80	4.41	5.30

注：a. 按照球墨铸铁最小抗拉强度为420 MPa 计算得出。
　　b. 按照球墨铸铁最小抗拉强度为386 MPa 计算得出。

表4-6 首选压力等级管的公称壁厚和允许工作压力

DN/mm	DE/mm	压力等级	公称壁厚/mm	允许工作压力（PFA）/MPa	
				设计温度不高于80℃[a]	设计温度130℃[b]
100	118	C40	4.4	4.00	3.68
125	144	C40	4.5	4.00	3.68
150	170	C40	4.5	4.00	3.68
200	222	C40	4.7	4.00	3.68
250	274	C40	5.5	4.00	3.68
300	326	C40	6.2	4.00	3.68
350	378	C30	6.3	3.00	2.76
400	429	C30	6.5	3.00	2.76
450	480	C30	6.9	3.00	2.76
500	532	C30	7.5	3.00	2.76
600	635	C30	8.7	3.00	2.76
700	738	C25	8.8	2.50	2.30
800	842	C25	9.6	2.50	2.30
900	945	C25	10.6	2.50	2.30
1000	1048	C25	11.6	2.50	2.30
1100	1152	C25	12.6	2.50	2.30
1200	1255	C25	13.6	2.50	2.30
1400	1462	C25	15.7	2.50	2.30
1500	1565	C25	16.7	2.50	2.30
1600	1668	C25	17.7	2.50	2.30

注：a. 按照球墨铸铁的最小抗拉强度为420 MPa 计算得出。
　　b. 按照球墨铸铁的最小抗拉强度为386 MPa 计算得出。

压力分级管的公称壁厚 e_{nom} 应按式（4-13）计算得出：

$$e_{nom} = e_{min} + (1.3 + 0.001 DN) \tag{4-13}$$

式中，e_{nom} 为管的公称壁厚，mm；DN 为管的公称直径，mm。

4.3 过渡段长度及其热伸长

本书主要介绍的管材为球墨铸铁管，球墨铸铁管之间采用承插连接，且承口和插管留有一节管道的伸缩间隙，像这样每节管道都可以自由地热胀冷缩，管道轴向热应力极小，因而称为柔性管系。

对于焊接或法兰、丝扣连接等连接方式，连接完毕后成为一个整体（如传统 Q235B、Q355 等焊接连接），一节管和一节管之间不具有热胀冷缩的功能，所以整个直管线可能出现过渡段和锚固段，详见《直埋供热管道工程设计》第三版，其特点是锚固段轴向热应力大，过渡段热伸长较长，相对于柔性管系我们称之为刚性管系。当一个供热管线既有柔性管系也存在刚性管系时，定义为混合管系。

这种柔性管系过渡段及热伸长的计算管段只是单根管长度，不具有实际意义。

刚性管系的热伸长算例、各种管径、压力、埋深、热媒温度等条件下的热伸长参见《直埋供热管道工程设计》第三版。

4.4 直埋管道保温结构相关参数计算

4.4.1 直埋管道热损失计算

预制供热直埋球墨铸铁管热损失可按照式（4-14）~式（4-19）计算：

$$q_s = \frac{(R_g + R_t) \cdot (t_s - t_g) - R_h(t_r - t_g)}{(R_g + R_t)^2 - R_h^2} \tag{4-14}$$

$$q_r = \frac{(R_g + R_t) \cdot (t_r - t_g) - R_h(t_s - t_g)}{(R_g + R_t)^2 - R_h^2} \tag{4-15}$$

$$R_g = \frac{1}{2\pi\lambda_g} \cdot \ln\frac{4H_l}{D_w} \tag{4-16}$$

$$R_t = \frac{1}{2\pi\lambda_t} \cdot \ln\frac{D_w}{DE} \tag{4-17}$$

$$R_h = \frac{1}{4\pi\lambda_g} \cdot \ln\left[1 + \left(\frac{2H_l}{E}\right)^2\right] \tag{4-18}$$

$$H_l = H + R_0 \times \lambda_g \tag{4-19}$$

式中，q_s 为供水管单位长度热损失，W/m；q_r 为回水管单位长度热损失，W/m；

t_s 为计算供水温度,℃;t_r 为计算回水温度,℃;t_g 为管道中心线的自然地温,℃;R_g 为土壤热阻,(m·K)/W;R_t 为保温材料热阻,(m·K)/W;R_h 为附加热阻,(m·K)/W;R_0 为土壤表面换热热阻,可取 0.0685 (m²·K)/W,(m²·K)/W;λ_g 为土壤导热系数,W/(m·K),应取实测数据,估算时湿土可取1.5~2 W/(m·K),干沙可取 1 W/(m·K);λ_t 为保温材料导热系数,W/(m·K);H 为管道中心线覆土深度,m;H_1 为管道当量覆土深度,m;D_w 为保温层外径,m;DE 为工作管外径,m;E 为供、回水管中心线距离,m。

4.4.2 保温层外表面温度计算

保温层外表面温度应按式(4-20)和式(4-21)计算:

$$t_{ws} = t_s - q_s \cdot R_t \tag{4-20}$$
$$t_{wr} = t_r - q_r \cdot R_t \tag{4-21}$$

式中,t_{ws} 为供水管保温层外表面温度,℃;t_{wr} 为回水管保温层外表面温度,℃;q_s 为供水管单位长度热损失,W/m;q_r 为回水管单位长度热损失,W/m;t_s 为计算供水温度,℃;t_r 为计算回水温度,℃;R_t 为保温材料热阻,(m·K)/W。

4.4.3 保温管周围土壤温度计算

可按式(4-22)计算:

$$t'_g = t_g + \frac{q_s}{4\pi\lambda_g} \cdot \ln \frac{x^2 + (y+H)^2}{x^2 + (y-H)^2} + \frac{q_r}{4\pi \times \lambda_g} \cdot \ln \frac{(x-E)^2 + (y+H)^2}{(x-E)^2 + (y-H)^2} \tag{4-22}$$

式中,t'_g 为计算点的土壤温度,℃;t_g 为管道中心线的自然地温,℃;q_s 为供水管单位长度热损失,W/m;q_r 为回水管单位长度热损失,W/m;λ_g 为土壤导热系数,W/(m·K);x 为计算点与供水管中心线的水平距离;y 为计算点的覆土深度;H 为管道中心线覆土深度,m;E 为供、回水管中心线距离,m。

【例 4-3】 一预制保温球墨铸铁热水管道系统,公称直径为 DN500,球墨铸铁工作管 DE×e=532 mm×7.5 mm,采用聚氨酯保温,外护聚乙烯保护壳,供回水采用相同的保温层,保温层厚度为 54.9 mm,外护管外径为 655 mm、壁厚为 6.6 mm;管道中心距为 0.96 m,管顶覆土深度为 1.2 m。

设计供水温度为 130 ℃,回水温度为 70 ℃;管道中心埋设深度的自然地温取 11 ℃。

(1) 计算在设计供回水温度下双管的散热损失。

管道中心线覆土深度:H = 1.2+0.655/2 = 1.528 m

忽略管道外护层热阻,设土壤表面换热热阻 R_0 = 0.0685 (m²·K)/W,土壤导热系数 λ_g = 1.5 W/(m·K),则管道当量覆土深度 H_1 为:

$$H_1 = H + R_0 \cdot \lambda_g = 1.528 + 0.0685 \times 1.5 = 1.631 \text{ m}$$

保温材料导热系数 $\lambda_t = 0.033$ W/(m·K)。

保温层外径： $D_w = 0.655 - 0.0066 \times 2 = 0.642$ m

土壤热阻 R_g：

$$R_g = \frac{1}{2\pi\lambda_g} \cdot \ln\frac{4H_l}{D_w} = \frac{1}{2\pi \times 1.5} \times \ln\frac{4 \times 1.631}{0.642} = 0.246 \text{ (m·K)/W}$$

保温材料热阻 R_t：

$$R_t = \frac{1}{2\pi\lambda_t} \times \ln\frac{D_w}{DE} = \frac{1}{2\pi \times 0.033} \times \ln\frac{0.642}{0.532} = 0.907 \text{ (m·K)/W}$$

附加热阻 R_h：

$$R_h = \frac{1}{4\pi\lambda_g} \times \ln\left[1 + \left(\frac{2H_l}{E}\right)^2\right] = \frac{1}{4\pi \times 1.5} \times \ln\left[1 + \left(\frac{2 \times 1.631}{0.96}\right)^2\right]$$
$$= 0.134 \text{ (m·K)/W}$$

供水管道单位长度热损失 q_s：

$$q_s = \frac{(R_g + R_t)(t_s - t_g) - R_h(t_r - t_g)}{(R_g + R_t)^2 - R_h^2}$$

$$= \frac{(0.246 + 0.907)(130 - 11) - 0.134 \times (70 - 11)}{(0.246 + 0.907)^2 - 0.134^2}$$

$$= 98.594 \text{ W/m}^2$$

回水管道单位长度热损失 q_r：

$$q_r = \frac{(R_g + R_t) \cdot (t_r - t_g) - R_h(t_s - t_g)}{(R_g + R_t)^2 - R_h^2}$$

$$= \frac{(0.246 + 0.907)(70 - 11) - 0.134 \times (130 - 11)}{(0.246 + 0.907)^2 - 0.134^2}$$

$$= 39.712 \text{ W/m}^2$$

(2) 计算保温层外表面温度。

供水管保温层外表面温度 t_{ws}：

$$t_{ws} = t_s - q_s \cdot R_t = 130 - 98.594 \times 0.907 = 40.575 \text{ °C}$$

回水管保温层外表面温度 t_{wr}：

$$t_{wr} = t_r - q_r \cdot R_t = 70 - 39.712 \times 0.907 = 33.981 \text{ °C}$$

(3) 计算保温管周围土壤温度。

$$t_g' = t_g + \frac{q_s}{4\pi\lambda_g} \cdot \ln\frac{x^2 + (y+H)^2}{x^2 + (y-H)^2} + \frac{q_r}{4\pi \times \lambda_g} \cdot \ln\frac{(x-E)^2 + (y+H)^2}{(x-E)^2 + (y-H)^2}$$

$$= 11 + \frac{98.594}{4\pi \times 1.5} \times \ln\frac{0^2 + (1.2 + 1.528)^2}{0^2 + (1.2 - 1.528)^2} + \frac{39.712}{4\pi \times 1.5} \times$$

$$\ln\frac{(0-0.96)^2+(1.2+1.528)^2}{(0-0.96)^2+(1.2-1.528)^2}$$
$$=37.587\ ℃$$

4.4.4 安全保温层厚度计算

直埋管道的保温层厚度应满足安全保温层厚度要求。

安全保温层厚度要求保温层外表面温度不得大于 50 ℃。供、回水温度应取供热管网设计温度,环境温度应取最冷月平均土壤自然温度,可按附表 4-1 选取。

【例 4-4】预制保温球墨铸铁热水管公称直径为 DN500,球墨铸铁工作管 DE× e = 532 mm×7.5 mm,采用聚氨酯保温,外护聚乙烯保护壳。供、回水采用相同的保温层,管道中心距 0.96 m,管顶覆土深度 1.2 m。设计供水温度 130 ℃,回水温度 70 ℃;管道中心埋设深度的自然地温取 11 ℃。计算 130 ℃ 供水管道安全保温层厚度。

(1) 假定保温层厚度为 30 mm,外护管壁厚为 6.6 mm,则外护管外径为 605.2 mm。

(2) 计算在设计供水温度 130 ℃ 下供水管的散热损失。

管道中心线覆土深度:$H = 1.2+0.6052/2 = 1.503$ m

忽略管道外护层热阻,设土壤表面换热热阻 $R_0 = 0.0685$ (m²·K)/W,土壤导热系数 $\lambda_g = 1.5$ W/(m·K),则管道当量覆土深度 H_1 为:
$$H_1 = H + R_0 \cdot \lambda_g = 1.503 + 0.0685 \times 1.5 = 1.606 \text{ m}$$

保温材料导热系数 $\lambda_t = 0.033$ W/(m·K)。

保温层外径:
$$D_w = 0.532 + 0.030 \times 2 = 0.592 \text{ m}$$

土壤热阻 R_g:
$$R_g = \frac{1}{2\pi\lambda_g} \cdot \ln\frac{4H_1}{D_w} = \frac{1}{2\pi \times 1.5} \times \ln\frac{4 \times 1.606}{0.592} = 0.253 \text{ (m·K)/W}$$

保温材料热阻 R_t:
$$R_t = \frac{1}{2\pi\lambda_t} \cdot \ln\frac{D_w}{DE} = \frac{1}{2\pi \times 0.033} \times \ln\frac{0.592}{0.532} = 0.516 \text{ (m·K)/W}$$

附加热阻 R_h:
$$R_h = \frac{1}{4\pi\lambda_g} \cdot \ln\left[1+\left(\frac{2H_1}{E}\right)^2\right]$$
$$= \frac{1}{4\pi \times 1.5} \times \ln\left[1+\left(\frac{2 \times 1.606}{0.96}\right)^2\right]$$
$$= 0.133 \text{ (m·k)/W}$$

供水管道单位长度热损失 q_s：

$$q_s = \frac{(R_g + R_t) \cdot (t_s - t_g) - R_h(t_r - t_g)}{(R_g + R_t)^2 - R_h^2}$$

$$= \frac{(0.253 + 0.516)(130 - 11) - 0.133 \times (70 - 11)}{(0.253 + 0.516)^2 - 0.133^2}$$

$$= 145.839 \text{ W/m}^2$$

（3）计算保温层外表面温度。

供水管保温层外表面温度 t_{ws}：

$$t_{ws} = t_s - q_s \times R_t = 130 - 145.839 \times 0.516 = 54.747 \text{ ℃}$$

此时，保温层外表面温度为 54.747 ℃，不满足不大于 50 ℃ 要求，调整保温层厚度重新计算。

（4）假定保温层厚度 50 mm 时，外护管壁厚 6.6 mm，则外护管外径为 645.2 mm。

（5）计算在设计供水温度 130 ℃ 下供水管的散热损失。

管道中心线覆土深度：$H = 1.2 + 0.6452/2 = 1.523$ m

忽略管道外护层热阻，设土壤表面换热热阻 $R_0 = 0.0685$（m²·K）/W，土壤导热系数 $\lambda_g = 1.5$ W/(m·K)，则管道当量覆土深度 H_1 为：

$$H_1 = H + R_0 \lambda_g = 1.523 + 0.0685 \times 1.5 = 1.626 \text{ m}$$

保温材料导热系数 $\lambda_t = 0.033$ W/(m·K)。

保温层外径：

$$D_w = 0.532 + 0.050 \times 2 = 0.632 \text{ m}$$

土壤热阻 R_g：

$$R_g = \frac{1}{2\pi\lambda_g} \times \ln\frac{4H_1}{D_w} = \frac{1}{2\pi \times 1.5} \times \ln\frac{4 \times 1.626}{0.632} = 0.247 \text{ (m·K)/W}$$

保温材料热阻 R_t：

$$R_t = \frac{1}{2\pi\lambda_t} \times \ln\frac{D_w}{DE} = \frac{1}{2\pi \times 0.033} \times \ln\frac{0.632}{0.532} = 0.831 \text{ (m·K)/W}$$

附加热阻 R_h：

$$R_h = \frac{1}{4\pi \times \lambda_g} \times \ln\left[1 + \left(\frac{2H_1}{E}\right)^2\right]$$

$$= \frac{1}{4\pi \times 1.5} \times \ln\left[1 + \left(\frac{2 \times 1.626}{0.96}\right)^2\right]$$

$$= 0.134 \text{ (m·K)/W}$$

供水管道单位长度热损失 q_s：

$$q_s = \frac{(R_g + R_t)(t_s - t_g) - R_h(t_r - t_g)}{(R_g + R_t)^2 - R_h^2}$$

$$= \frac{(0.247 + 0.831)(130 - 11) - 0.134 \times (70 - 11)}{(0.247 + 0.831)^2 - 0.134^2}$$

$$= 105.212 \text{ W/m}^2$$

(6) 计算保温层外表面温度。

供水管保温层外表面温度 t_{ws}：

$$t_{ws} = t_s - q_s \times R_t = 130 - 105.212 \times 0.831 = 42.569 \text{ ℃}$$

此时，保温层外表面温度满足不大于 50 ℃ 要求。通过反复试算，同样敷设条件下，当保温层厚度为 36.3 mm 时，保温层外表面温度为 49.97 ℃，因此，此时 130 ℃ 供水管道安全保温层厚度为 36.3 mm。

4.4.5 经济保温层厚度计算

直埋管道保温层厚度除满足安全保温层厚度外，还应满足经济厚度。

4.4.5.1 计算原则

管道设备外径大于 1000 mm，可按平面计算保温层厚度；其余均按圆筒面计算保温层厚度。

4.4.5.2 保温层厚度和散热损失的计算

1）保温层经济厚度的计算公式

(1) 平面计算公式如下：

$$\delta = 1.897 \times 10^{-3} \cdot \sqrt{\frac{f_n \cdot \lambda \cdot \tau (T - T_a)}{P_i \cdot S}} - \frac{\lambda}{a} \quad (4-23)$$

式中，δ 为保温层厚度，m；f_n 为热价，元/GJ；λ 为硬质聚氨酯保温层导热系数，W/(m·K)；τ 为年运行时间，h；T 为管道的外表面温度，K（℃）；T_a 为环境温度，K（℃）；P_i 为预制保温管保温结构单位造价，元/m；a 为保温层外表面与大气的换热系数，W/(m²·K)；S 为保温工程投资贷款年分摊率，按复利计息，计算公式为

$$S = \frac{i(1+i)^n}{(1+i)^n - 1} \times 100\%$$

其中，i 为年利率（复利率）；n 为计息年数，年。

(2) 圆筒面计算公式见式 (4-24) 和式 (4-25)：

$$D_w \cdot \ln \frac{D_w}{D_i} = 3.795 \times 10^{-3} \cdot \sqrt{\frac{f_n \cdot \lambda \cdot \tau (T - T_a)}{P_i \cdot S}} - \frac{2\lambda}{a} \quad (4-24)$$

$$\delta = \frac{D_w - D_i}{2} \quad (4-25)$$

式中，D_w 为保温层外径，m；D_i 为保温层内径，m；其余符号说明同前。

2）保温层表面散热损失计算公式

(1) 平面计算公式如下：

$$q = \frac{T - T_a}{R_i + R_a} = \frac{T - T_a}{\dfrac{\delta}{\lambda} + \dfrac{1}{a}} \qquad (4-26)$$

(2) 圆筒面的计算公式如下：

$$q = \frac{T - T_a}{R_i + R_a} = \frac{2\pi(T - T_a)}{\dfrac{1}{\lambda}\ln\dfrac{DE}{D_i} + \dfrac{2}{a \cdot DE}} \qquad (4-27)$$

式中，q 为单位表面散热损失，平面时单位为 W/m^2，筒面时单位为 W/m；R_i 为保温层热阻，平面时单位为 $(m^2 \cdot K)/W$，筒面时单位为 $(m \cdot K)/W$。

3）保温层外表面温度计算公式

(1) 平面计算公式如下：

$$T_s = q \cdot R_s + T_a = \frac{q}{a} + T_a \qquad (4-28)$$

式中，T_s 为保温层外表面温度，℃；R_s 为保温层表面热阻，平面时单位为 $(m \cdot K)/W$，筒面时单位为 $(m \cdot K)/W$。

(2) 圆筒面的计算公式如下：

$$T_s = q \cdot R_s + T_a = \frac{q}{\pi \cdot DE \cdot a} + T_a \qquad (4-29)$$

4.4.5.3 保温计算主要数据选取原则

1）温度

(1) 表面温度 T。

①无衬里的金属设备和管道的表面温度 T，取介质的正常运行温度；

②有内衬的金属设备和管道应进行传热计算以确定外表面温度。

(2) 环境温度。

①设置在室外的设备和管道在经济保温厚度和散热损失计算中，常年运行的，环境温度 T_a 取历年之年平均温度的平均值；季节性运行的，环境温度 T_a 取历年运行期日平均温度的平均值；

②设置在室内的设备和管道在经济保温厚度及散热损失计算中，环境温度 T_a 均取 293 K（20 ℃）；

③设置在地沟中的管道，当介质温度 $T = 352$ K（80 ℃）时，环境温度 T_a 取 293 K（20 ℃）；当介质温度 $T = 354 \sim 383$ K（81~110 ℃）时，环境温度 T_a 取 303 K（30 ℃）；当介质温度 $T > 383$ K（110 ℃）时，环境温度 T_a 取 313 K（40 ℃）；

④ 在校核有工艺要求的各保温层计算中环境温度 T_a 应按最不利的条件取值。

2）表面放热系数 a

（1）在经济厚度及热损失计算中，设备和管道的保温结构外表面放热系数 a 一般取 11.63 W/(m²·K)。

（2）在校核保温结构表面温度计算中，一般情况按 $a=1.163(6+3\sqrt{w})$ W/(m²·K) 计算，式中，w 为风速，m/s。

（3）如要求计算值更接近于真值，则应按不同外表面材料的热发射率与环境风速对 a 值的影响，将辐射与对流放热系数分别计算然后取其和。

3）热导率 λ

保温材料制品的热导率或热导率方程应由制造厂提供并应符合保温材料性能的要求。

4）保温结构的单位造价 P

保温结构的单位造价应包括主材费、包装费、运输费、损耗、安装（包括辅助材料费）及保护结构费等。

5）计息年数 n

计息年数即计算期年数，一般取 10 年。

6）年利率 i

年利率取复利。

7）热价 f_n

热价应按各地区、各部门的具体情况确定。

8）年运行时间 τ

常年运行时，年运行时间一般按 8000 h 计；采暖季运行的年运行时间按实际采暖期（小时）计，其他按实际情况选取年运行时间。

4.5 水力计算

4.5.1 经济比摩阻

经济比摩阻值宜根据具体工程条件经技术经济比选确定。按照目前测算的球铁预制保温管和钢质预制保温管的直埋供热管线初投资相当，因此当不具备技术经济比较条件时，长输管线经济比摩阻可采用 20~50 Pa/m；城市热水管网经济比摩阻可按下列经验值确定：

（1）主干线 30~70 Pa/m；

（2）庭院管网主干线 60~100 Pa/m。

热水管网支干线、支线应按允许压力降确定管径，但供热介质流速不应大于 3.5 m/s。支干线比摩阻不应大于 300 Pa/m，庭院管网支线比摩阻不宜大于

400 Pa/m。

4.5.2 管道内壁当量粗糙度

球墨铸铁供热管道内壁当量粗糙度如表 4-6 所示。对于有耐高温减阻涂层的球墨铸铁管道，在表 3-1 中给出了涂层内衬厚度的公称值和最小值，在管内衬上测得的任何一点涂层厚度应不小于表 3-1 中给出的最小值。

表 4-7 供热管道内壁当量粗糙度

供热介质	内衬型式	当量粗糙度/m
热水	无内衬	0.0005
	耐高温减阻涂层	0.0001

球墨铸铁管水力计算表如附表 4-2 和附表 4-3 所示，附表 4-3 中，内径考虑了减阻涂层的厚度。

4.5.3 管径确定

1）根据质量流量计算管径

计算式如下：

$$D_i = 594.5\sqrt{G_m/(\rho v)} \quad (4-30)$$

式中，D_i 为管道内径，mm；G_m 为工作状态下的质量流量，t/h；v 为工作状态下的流速，m/s；ρ 为工作状态下的密度，kg/m³。

【例 4-5】热水网路中某一管段，流量为 400 t/h，热水平均密度为 958.4 kg/m³。如果控制流速为 1.2 m/s，试选用合适的管径。

解： 根据式（4-30）可得

$$D_i = 594.5\sqrt{G_m/(\rho v)} = 350.6 \text{ mm}$$

选择 DN350 的球墨铸铁管，外径为 378 mm，公称壁厚为 6.3 mm，内衬公称厚度为 5 mm，内径为 355.4 mm，大于 350.6 mm，故选择 DN350 口径管道满足要求。

2）根据经济比摩阻确定管径

计算式如下：

$$D_i = 387 \frac{K^{0.0476} G_m^{0.381}}{(\rho R)^{0.19}} \text{ mm} \quad (4-31)$$

式中，D_i 为管道内径，mm；R 为每米管长的沿程阻力损失（比摩阻），Pa/m；K 为管壁的当量绝对粗糙度，m；G_m 为工作状态下的质量流量，t/h；ρ 为工作状态下的密度，kg/m³。

【例 4-6】热水网路中某一管段，流量为 900 t/h，热水平均密度为 958.4 kg/m³。如果控制比摩阻在 70 Pa/m 以下，内壁无内衬管壁的当量绝对粗糙度为

0.0005 m，试选用合适的管径。

解：根据式（4-31）可得

$$D_i = 387 \frac{K^{0.0476} G_m^{0.381}}{(\rho R)^{0.19}} = 435.6 \text{ mm}$$

选择 DN450 的球墨铸铁管，外径为 480 mm，公称壁厚为 6.9 mm，查附表 4-2 可得 DN450、900 t/h 的比摩阻为 47.78 Pa/m，小于 70 Pa/m，故选择 DN450 口径管道满足要求。

3）根据并联环路资用压力确定管径

【例 4-7】 某热水集中供热系统，其网络平面布置如图 4-1 所示。网络的计算供水温度 $t_1 = 120\ ℃$、计算回水温度 $t_2 = 60\ ℃$。用户 C、D 的设计负荷分别为 50000 KW、10000 KW。热用户内部的阻力损失均为 $\Delta P = 5 \times 10^4$ Pa，球墨铸铁管内壁涂耐高温减阻涂层，管壁的当量绝对粗糙度为 0.0001 m。试选用各管管径。

图 4-1　网络平面布置

解：（1）各段流量计算

AB 段流量计算：

$$G_{AB} = \frac{0.86 \times Q_{AB}}{t_1 - t_2} = \frac{0.86 \times (50000 + 10000)}{120 - 60} = 860 \text{ t/h}$$

同样计算 $G_{BC} = 716.7$ t/h、$G_{BD} = 143.3$ t/h。

（2）主管线管径确定

主干线经济比摩阻为 30~70 Pa/m，根据附表 4-3，AB 段选择 DN400 管径，比摩阻为 60.29 Pa/m；BC 段选择 DN400 管径，比摩阻为 41.87 Pa/m。

（3）支管线管径确定

供热管网中支线与主干线并联的管路阻力损失相等，主干线 BC 段与支线 BD 段的阻力损失应相等。管线采用无补偿直埋敷设，局部阻力与沿程阻力比值 $\alpha = 0.1$，根据式（4-37）可得：

主干线 BC 段阻力损失：

$$\Delta H_{BC} = (1 + \alpha) R_{BC} L_{BC} = (1 + 0.1) \times 41.87 \times 650 = 29937.05 \text{ Pa}$$

支线 BD 段平均比摩阻：$R_{BD,P} = \dfrac{\Delta H_{BC}}{(1+\alpha)L_{BD}} = 340.19$ Pa/m

且供热介质流速不应大于 3.5 m/s，支干线比摩阻不应大于 300 Pa/m，根据附表 4-3，BD 段选择 DN150 管径，比摩阻为 268.3 Pa/m，小于 300 Pa/m，流速为 2.21 m/s，小于 3.5 m/s，都满足要求。

4.5.4 管道局部阻力与沿程阻力比值

管道局部阻力与沿程阻力比值 α 参考 CJJ/T 34《城镇供热管网设计标准》，采用无补偿直埋敷设，局部阻力与沿程阻力比值取值 0.15。

4.5.5 管道压降计算

1）沿程阻力损失计算

热水管网的水流量通常以"吨/小时"（t/h）表示，表达每米管长的沿程阻力损失（比摩阻）R、管径 d 和水流量 G_m 的关系见式（4-31）：

$$R = 6.25 \times 10^{-2} \dfrac{\lambda G_m^2}{\rho D_i^5} \tag{4-32}$$

式中，R 为每米管长的沿程阻力损失（比摩阻），Pa/m；λ 为管道内壁的摩擦阻力系数；G_m 为工作状态下的质量流量，t/h；ρ 为工作状态下的密度，kg/m³；D_i 为管道内径，m。

摩擦阻力系数 λ 值取决于管壁的相对粗糙度。粗糙区（阻力平方区）的摩擦阻力系数 λ 值，可用尼古拉兹公式计算，即

$$\lambda = \dfrac{1}{\left(1.14 + 2\lg\dfrac{D_i}{K}\right)^2} \tag{4-33}$$

式中，λ 为管道内壁的摩擦阻力系数；D_i 为管道内径，m；K 为管壁的当量绝对粗糙度，m。

对于管径大于或等于 40 mm 的管，用如下希弗林松推荐的更为简单的计算公式也可得出很接近的数值：

$$\lambda = 0.11 \left(\dfrac{K}{D_i}\right)^{0.25} \tag{4-34}$$

沿程阻力损失计算公式如下：

$$\Delta H_f = RL \tag{4-35}$$

式中，ΔH_f 为沿程阻力损失，Pa；R 为每米管长的沿程阻力损失（比摩阻），Pa/m；L 为计算管段长度，m。

2）局部阻力损失计算

由管道局部阻力与沿程阻力比值 α，根据式（4-36）可得管线局部阻力损失为：

$$\Delta H_j = \alpha RL \qquad (4-36)$$

式中，ΔH_j 为局部阻力损失，Pa；α 为管道局部阻力与沿程阻力比值。

3) 总阻力损失计算

管线总阻力损失为沿程阻力损失和局部阻力损失之和，其计算公式如下：

$$\Delta H = \Delta H_y + \Delta H_j = (1+\alpha)RL \qquad (4-37)$$

式中，ΔH 为总阻力损失，Pa。

附录 全国主要城市地温月平均值和球墨铸铁管水力计算表

附表4-1 全国主要城市地温月平均值

城市	深度/m	自然地温月平均值/℃											
		1月	2月	3月	4月	5月	6月	7月	8月	9月	10月	11月	12月
北京	0.0	-5.3	-1.5	5.8	16.1	23.7	28.2	29.1	27.0	21.5	13.1	3.5	-3.6
	-0.8	2.6	1.7	3.6	9.4	15.1	20.2	22.8	23.9	21.5	16.9	11.2	5.6
	-1.6	7.4	5.6	5.4	8.0	11.9	15.6	18.6	21.0	20.6	18.3	14.7	10.6
	-3.2	12.7	11.0	9.8	9.5	10.4	12.1	13.9	16.3	17.3	17.3	16.4	14.8
上海	0.0	4.4	6.2	9.5	15.2	20.2	25.1	30.4	29.9	25.0	18.9	12.8	6.7
	-0.8	9.7	8.9	10.2	13.4	16.7	20.3	24.2	25.9	25.0	21.5	17.5	13.0
	-1.6	13.2	11.4	11.3	12.8	15.2	17.7	20.7	22.9	23.4	21.9	19.4	16.2
	-3.3	17.2	15.8	14.8	14.4	14.8	15.5	16.7	18.2	19.4	19.9	19.7	18.8
天津	0.0	-5.0	-1.0	5.8	16.2	23.2	28.0	29.4	27.2	22.4	13.5	4.0	-2.4
	-0.8	3.3	2.3	4.5	10.3	15.5	19.9	23.0	23.9	21.9	17.8	12.4	7.3
	-1.6	8.1	6.2	6.3	8.9	12.5	16.1	18.9	20.6	20.4	18.7	15.6	11.7
	-3.2	12.9	11.3	10.1	9.8	10.6	12.0	13.7	15.2	16.3	16.7	16.2	14.8
哈尔滨	0.0	-20.8	-15.4	-4.8	6.9	16.8	23.2	25.9	24.1	15.7	5.9	-6.2	-16.7
	-0.8	-4.3	-4.8	-2.9	-0.6	2.4	9.7	15.1	17.3	15.4	10.4	4.8	0.3
	-1.6	2.0	0.3	-0.2	0.1	0.2	3.1	8.8	12.2	12.9	11.1	7.9	4.5
	-3.2	6.0	4.7	3.0	2.4	2.1	2.1	4.0	6.6	8.5	9.2	8.6	7.3
长春	0.0	-17.3	-12.7	-3.7	7.4	16.7	22.7	26.0	23.7	16.3	7.2	-4.0	-13.5
	-0.8	-1.3	-2.0	-1.0	0.0	5.2	12.2	17.1	18.9	16.7	12.1	6.4	2.1
	-1.6	3.3	1.6	1.0	1.0	2.5	7.3	11.5	14.5	14.6	12.7	9.4	6.1
	-3.2	7.2	5.8	4.7	4.0	3.8	4.6	6.5	8.6	10.2	10.6	10.1	8.8
沈阳	0.0	-12.5	-7.8	-0.1	9.8	48.2	23.9	26.9	25.7	18.5	9.6	-0.6	-9.4
	-0.8	1.0	-0.7	-0.6	0.9	7.8	14.5	18.8	20.7	18.6	13.8	8.3	3.9
	-1.6	5.0	3.2	2.3	2.6	5.4	10.6	14.5	17.2	17.3	14.8	11.3	7.6
	-3.2	9.2	7.8	6.8	6.2	6.3	7.9	10.0	12.4	14.0	14.1	12.9	11.0

续表

城市	深度/m	自然地温月平均值/℃											
		1月	2月	3月	4月	5月	6月	7月	8月	9月	10月	11月	12月
石家庄	0.0	-3.5	0.2	8.5	18.1	24.5	28.8	29.7	27.6	23.4	14.9	5.1	-2.0
	-0.8	3.4	3.5	7.0	12.9	18.2	22.8	25.6	25.6	23.1	18.2	11.9	6.5
	-1.6	8.0	6.5	7.5	11.1	15.2	19.0	22.0	23.5	22.7	20.2	11.1	11.6
	-3.2	13.9	12.1	11.2	11.4	12.7	14.4	16.3	18.1	18.1	18.9	17.8	16.0
呼和浩特	0.0	-12.8	-7.9	1.8	9.9	18.4	24.4	26.5	23.6	16.5	7.9	-2.4	-10.7
	-0.8	1.3	0.6	0.9	1.4	8.3	14.2	17.6	18.7	16.8	12.9	7.8	3.8
	-1.6	4.1	2.6	1.9	1.7	4.6	9.1	12.1	14.2	14.1	12.5	9.6	6.5
	-3.2	7.8	6.5	5.4	4.6	4.6	6.0	7.8	9.5	10.8	11.3	10.8	9.5
西安	0.0	-0.6	3.6	10.4	17.6	22.4	28.8	30.5	28.6	22.8	15.3	7.4	0.6
	-0.8	4.6	5.0	8.4	12.9	17.0	21.4	24.2	25.1	12.6	18.5	13.2	8.2
	-1.6	8.9	7.6	8.7	11.3	14.4	17.7	20.5	22.4	21.9	19.8	16.5	12.3
	-3.2	14.4	12.8	11.9	12.0	12.9	14.3	15.9	17.7	18.8	18.9	18.1	16.3
银川	0.0	-9.4	-3.8	4.4	12.8	20.6	27.1	30.2	26.9	20.0	10.3	-0.2	-5.9
	-0.8	1.7	0.4	1.4	6.5	11.9	16.8	20.1	20.9	19.4	15.5	9.5	4.3
	-1.6	5.6	3.9	3.4	5.3	8.8	12.4	15.4	17.3	17.4	15.9	12.5	8.5
	-3.2	10.1	8.6	7.4	6.9	7.6	9.1	10.9	12.6	13.8	14.2	13.6	12.1
西宁	0.0	-8.2	-2.5	6.1	12.2	16.6	21.1	22.2	20.0	15.9	8.6	0.6	-5.8
	-0.8	-0.7	-0.9	2.0	7.1	11.4	15.0	17.0	17.1	15.4	12.0	6.8	2.5
	-1.6	3.4	1.9	2.5	5.3	8.8	11.5	13.7	14.8	14.4	12.8	9.7	6.3
	-3.2	7.9	6.4	5.6	5.8	7.0	8.4	9.8	11.0	11.7	11.7	11.0	9.7
兰州	0.0	-7.4	-1.0	7.9	16.3	20.5	25.7	27.3	24.3	19.5	10.8	2.0	-6.2
	-0.8	1.4	-0.7	4.4	10.6	14.4	18.1	20.9	21.1	19.1	15.1	9.4	4.1
	-1.6	6.2	4.6	5.1	8.4	11.4	14.0	16.5	17.9	17.6	15.9	12.6	8.9
	-3.2	10.7	9.2	8.3	8.5	9.7	11.0	12.3	13.8	14.6	14.7	13.9	12.5
乌鲁木齐	0.0	-18.3	-12.7	-3.0	10.4	17.5	24.2	27.2	24.8	17.9	7.7	-3.8	-12.4
	-0.8	-0.1	-0.7	0.4	5.0	10.5	15.2	18.4	19.1	17.6	12.7	7.0	2.8
	-1.6	4.6	3.2	2.7	4.3	7.6	11.1	14.0	16.1	16.1	14.0	10.7	7.4
	-3.2	8.8	7.3	6.1	5.6	6.4	7.9	9.9	11.9	13.1	13.2	12.7	11.0
济南	0.0	-1.8	1.5	8.3	17.7	24.9	29.5	30.3	28.8	24.2	16.6	7.4	0.3
	-0.8	5.1	4.8	7.6	13.5	19.0	23.0	26.0	26.4	23.9	20.1	14.8	8.8
	-1.6	10.7	9.4	10.1	12.5	16.9	20.5	22.8	24.5	23.9	21.3	18.3	15.2
	-3.2	16.1	14.4	13.5	13.5	14.7	16.6	18.5	19.9	20.9	20.7	19.7	18.3

第4章 设 计 计 算

续表

城市	深度/m	自然地温月平均值/℃											
		1月	2月	3月	4月	5月	6月	7月	8月	9月	10月	11月	12月
南京	0.0	2.7	4.6	10.2	16.2	21.1	27.7	32.6	31.4	24.7	18.4	11.2	5.4
	-0.8	8.8	8.2	9.9	13.7	17.3	21.5	25.0	26.7	25.3	21.6	17.2	12.3
	-1.6	12.6	10.8	11.0	12.9	15.5	18.5	21.4	23.7	24.0	22.1	19.3	15.7
	-3.2	16.9	15.3	14.2	14.0	14.6	15.7	17.2	18.8	20.1	20.5	20.0	18.6
蚌埠	0.0	1.7	5.8	11.5	17.5	22.9	30.1	33.5	32.1	26.0	17.8	10.0	4.2
	-0.8	7.7	8.2	10.4	13.3	16.9	21.3	24.7	25.5	24.1	21.1	16.1	10.4
	-1.6	12.0	10.7	11.5	12.8	15.1	18.0	21.0	22.7	22.0	21.6	18.6	15.3
	-3.2	16.5	15.0	14.1	14.0	14.5	15.5	17.0	18.6	19.7	20.0	19.5	18.2
杭州	0.0	4.8	6.5	11.5	17.6	21.0	27.3	33.9	30.8	25.1	19.0	12.7	7.4
	-0.8	10.1	9.3	11.3	14.8	18.1	21.9	25.7	27.0	25.6	22.2	18.1	13.6
	-1.6	13.9	12.1	12.1	13.9	16.4	19.1	22.1	24.2	24.4	22.7	20.2	16.9
	-3.2	18.2	16.8	15.6	15.2	15.7	16.6	18.0	19.5	20.8	21.2	20.8	19.8
南昌	0.0	5.4	7.5	12.5	18.7	22.5	29.2	35	33.4	29.3	21.3	14.3	8.3
	-0.8	10.9	10.4	12.5	16.4	19.5	23.9	28.1	29.2	27.6	23.7	18.9	14.5
	-1.6	15.1	13.3	13.3	15.4	18.0	20.9	24.0	26	26.0	24.2	21.5	18.2
	-3.2	19.0	17.3	16.3	16.2	17.0	18.3	20.1	21.9	23.0	23.3	22.6	21.1
郑州	0.0	-0.4	4.0	8.6	17.4	24.2	29.5	30.4	28.3	24.0	16.1	7.8	2.1
	-0.8	6.1	6.4	8.6	12.8	17.5	22.2	24.6	25.3	23.4	19.6	14.3	9.5
	-1.6	10.2	9.0	9.6	11.6	14.8	18.0	21.0	22.6	22.3	20.4	17.1	13.4
	-3.2	14.7	13.2	12.4	12.4	13.3	14.9	16.6	18.3	19.3	19.3	18.8	16.8
武汉	0.0	3.0	6.6	11.7	18.6	22.5	29.5	34.0	33.3	28.4	20.3	12.3	6.8
	-0.8	10.0	9.3	11.0	14.6	17.8	21.9	25.0	26.5	25.8	22.3	18.2	13.5
	-1.6	14.3	12.4	12.3	13.9	16.1	18.7	21.4	23.4	23.9	22.7	20.3	17.2
	-3.2	18.3	16.9	15.9	15.5	15.7	16.4	17.5	18.7	19.8	20.4	20.3	19.6
长沙	0.0	4.6	6.6	12.2	18.6	21.6	29.6	35.3	32.2	28.7	20.6	13.0	8.1
	-0.8	10.8	9.6	11.7	15.5	18.4	22.9	27.0	27.9	26.7	23.2	18.2	13.9
	-1.6	14.2	12.2	12.4	14.6	17.0	19.8	23.0	25.1	25.2	23.6	20.3	17.0
	-3.2	18.2	16.5	15.4	15.3	16.2	17.4	19.1	20.9	22.0	22.2	21.4	19.9
广州	0.0	15.9	16.4	20.4	24.5	28.0	29.8	31.8	31.7	30.6	27.3	22.1	17.4
	-0.8	19.1	18.3	19.8	22.4	25.4	27.0	28.4	29.1	28.7	26.9	24.0	20.6
	-1.6	21.3	20.2	20.3	21.9	24.0	25.6	27.0	27.8	28.0	27.2	25.4	22.9
	-3.2	23.7	22.6	21.9	22.0	22.8	23.8	24.6	25.5	26.1	26.3	25.8	24.7

续表

城市	深度/m	自然地温月平均值/℃											
		1月	2月	3月	4月	5月	6月	7月	8月	9月	10月	11月	12月
成都	0.0	6.9	9.6	14.8	20.2	23.7	26.8	28.8	27.8	23.8	18.4	13.7	8.6
	-0.8	10.7	10.7	13.2	16.8	19.9	22.6	24.8	25.5	24.2	21.2	17.8	13.9
	-1.6	13.4	12.4	13.3	15.7	18.2	20.4	22.5	23.8	23.6	22.0	19.6	16.5
	-3.2	18.3	17.0	16.3	16.5	17.5	18.6	19.9	21.2	22.0	22.0	21.3	19.9
贵阳	0.0	6.2	8.4	14.7	19.5	21.1	25.0	27.7	27.3	24.0	17.7	13.4	8.3
	-0.8	11.4	10.8	12.9	16.1	18.3	20.7	20.9	23.9	23.3	20.4	17.4	14.4
	-1.6	14.0	12.8	13.2	15.1	17.0	18.9	20.9	22.2	22.4	21.1	18.9	16.5
	-3.2	17.4	16.1	15.3	15.4	16.1	17.1	18.3	19.6	20.3	20.5	19.9	18.8
昆明	0.0	9.7	12.2	17.0	22.1	24.3	22.6	23.0	22.7	21.6	17.2	13.7	10.0
	-0.8	12.4	12.6	14.1	16.4	18.8	19.7	20.6	21.2	21.5	19.4	16.9	14.1
	-1.6	14.7	14.0	14.2	15.3	16.9	18.1	19.0	19.8	20.2	19.6	18.2	16.4
	-3.2	17.4	16.7	16.2	16.0	16.2	16.5	17.0	17.4	17.8	18.1	18.2	17.8
拉萨	0.0	-1.0	3.3	8.4	14.2	20.0	22.6	19.0	18.1	16.2	10.2	3.5	-0.7
	-0.8	2.8	3.4	6.2	9.9	13.1	16.1	16.7	16.6	15.5	12.8	8.1	4.7
	-1.6	4.8	4.4	6.1	8.7	11.4	14.0	15.2	15.6	15.1	13.4	9.9	6.8
	-3.2	—	—	—	—	—	—	—	—	—	—	—	—
台北	0.0	11.7	16.3	18.5	21.9	26.3	28.2	30.4	30.0	28.3	24.6	21.2	18.0
	-0.8	19.8	18.7	19.2	20.7	23.4	25.5	27.5	28.2	28.1	26.4	24.2	21.7
	-1.6	23.1	22.2	21.6	21.3	21.6	22.4	23.3	24.3	25.0	25.2	24.9	24.2
	-3.2	23.6	23.4	23.0	22.7	22.4	22.3	22.5	22.3	22.9	23.3	23.6	23.7

附表 4-2　球墨铸铁管水力计算表（一）

($K=0.5$ mm, $t=100$ ℃, $\rho=958.4$ kg/m³, $v=0.295\times10^{-6}$ m²/s)

公称直径/mm	DN100		DN125		DN150		DN200	
内径/mm	109.2		135.0		161.0		212.6	
$G/(t/h)$	$R/(Pa/m)$	$v/(m/s)$	$R/(Pa/m)$	$v/(m/s)$	$R/(Pa/m)$	$v/(m/s)$	$R/(Pa/m)$	$v/(m/s)$
10	12.02	0.31						
12	17.32	0.37						
14	23.57	0.43						
16	30.78	0.50						
18	38.96	0.56						
20	48.10	0.62	15.80	0.41				
22	58.20	0.68	19.11	0.45				
24	69.26	0.74	22.75	0.49				

续表

公称直径/mm	DN100		DN125		DN150		DN200	
内径/mm	109.2		135.0		161.0		212.6	
G/(t/h)	R/(Pa/m)	v/(m/s)	R/(Pa/m)	v/(m/s)	R/(Pa/m)	v/(m/s)	R/(Pa/m)	v/(m/s)
26	81.29	0.81	26.70	0.53				
28	94.27	0.87	30.96	0.57				
30	108.22	0.93	35.54	0.61	14.10	0.43		
32	123.13	0.99	40.44	0.65	16.04	0.46		
34	139.00	1.05	45.65	0.69	18.11	0.48		
36	155.84	1.11	51.18	0.73	20.30	0.51		
38	173.63	1.18	57.02	0.77	22.62	0.54		
40	192.39	1.24	63.18	0.81	25.06	0.57		
42	212.11	1.30	69.66	0.85	27.63	0.60		
44	232.80	1.36	76.45	0.89	30.33	0.63		
46	254.44	1.42	83.56	0.93	33.15	0.66		
48	277.05	1.49	90.98	0.97	36.09	0.68		
50	300.61	1.55	98.72	1.01	39.16	0.71		
52	325.14	1.61	106.78	1.05	42.36	0.74		
54	350.64	1.67	115.15	1.09	45.68	0.77		
56			123.84	1.13	49.12	0.80		
58			132.84	1.18	52.69	0.83		
60			142.16	1.22	56.39	0.85		
62			151.80	1.26	60.21	0.88		
64			161.75	1.30	64.16	0.91		
66			172.02	1.34	68.23	0.94		
68			182.60	1.38	72.43	0.97		
70			193.50	1.42	76.75	1.00		
72			204.72	1.46	81.20	1.03		
74			216.25	1.50	85.78	1.05		

续表

公称直径/mm	DN150		DN200		DN250		DN300	
内径/mm	161.0		212.6		263.0		313.6	
G(t/h)	R/(Pa/m)	v/(m/s)	R/(Pa/m)	v/(m/s)	R/(Pa/m)	v/(m/s)	R/(Pa/m)	v/(m/s)
76			228.09	1.54	90.48	1.08		
78			240.26	1.58	95.30	1.11		
80			252.74	1.62	100.25	1.14	23.29	0.65
82			265.53	1.66	105.32	1.17	24.47	0.67
84			278.64	1.70	110.53	1.20	25.68	0.69
86					115.85	1.22	26.92	0.70
88					121.30	1.25	28.18	0.72
90	126.88	1.28	29.48	0.74	9.65	0.48		
92	132.58	1.31	30.80	0.75	10.08	0.49		
94	138.41	1.34	32.16	0.77	10.53	0.50		
96	144.36	1.37	33.54	0.78	10.98	0.51		
98	150.44	1.40	34.95	0.80	11.44	0.52		
100	156.64	1.42	36.39	0.82	11.91	0.53		
110	189.53	1.57	44.04	0.90	14.41	0.59		
120	225.56	1.71	52.41	0.98	17.15	0.64		
130	264.72	1.85	61.51	1.06	20.13	0.69	7.99	0.49
140	307.01	1.99	71.33	1.14	23.35	0.75	9.27	0.53
150	352.44	2.14	81.89	1.23	26.80	0.80	10.64	0.56
160	401.00	2.28	93.17	1.31	30.49	0.85	12.11	0.60
170			105.18	1.39	34.42	0.91	13.67	0.64
180			117.92	1.47	38.59	0.96	15.32	0.68
190			131.38	1.55	43.00	1.01	17.07	0.71
200			145.58	1.63	47.65	1.07	18.92	0.75
220			176.15	1.80	57.65	1.17	22.89	0.83
240			209.63	1.96	68.61	1.28	27.24	0.90
260			246.02	2.12	80.52	1.39	31.97	0.98
280			285.33	2.29	93.39	1.49	37.07	1.05
300			327.55	2.45	107.20	1.60	42.56	1.13

第4章 设 计 计 算

续表

公称直径	DN250		DN300		DN350		DN400	
内径/mm	263.0		313.6		365.4		416.0	
G(t/h)	R/(Pa/m)	v/(m/s)	R/(Pa/m)	v/(m/s)	R/(Pa/m)	v/(m/s)	R/(Pa/m)	v/(m/s)
320	121.98	1.71	48.42	1.20	21.70	0.88		
340	137.70	1.81	54.67	1.28	24.50	0.94	12.40	0.73
360	154.37	1.92	61.29	1.35	27.47	1.00	13.90	0.77
380	172.00	2.03	68.29	1.43	30.60	1.05	15.49	0.81
400	190.59	2.14	75.66	1.50	33.91	1.11	17.16	0.85
420	210.12	2.24	83.42	1.58	37.39	1.16	18.92	0.90
440	230.61	2.35	91.55	1.65	41.03	1.22	20.77	0.94
460	252.05	2.46	100.06	1.73	44.85	1.27	22.70	0.98
480	274.44	2.56	108.95	1.80	48.83	1.33	24.72	1.02
公称直径/mm	DN300		DN350		DN400		DN450	
内径/mm	313.6		365.4		416.0		466.2	
G(t/h)	R/(Pa/m)	v/(m/s)	R/(Pa/m)	v/(m/s)	R/(Pa/m)	v/(m/s)	R/(Pa/m)	v/(m/s)
500	118.22	1.88	52.98	1.38	26.82	1.07	14.75	0.85
520	127.87	1.95	57.31	1.44	29.01	1.11	15.95	0.88
540	137.90	2.03	61.80	1.49	31.28	1.15	17.20	0.92
560	148.30	2.10	66.46	1.55	33.64	1.19	18.50	0.95
580	159.08	2.18	71.30	1.60	36.09	1.24	19.84	0.99
600	170.24	2.25	76.30	1.66	38.62	1.28	21.23	1.02
620	181.78	2.33	81.47	1.71	41.24	1.32	22.67	1.05
640	193.70	2.40	86.81	1.77	43.94	1.37	24.16	1.09
660	205.99	2.48	92.32	1.83	46.73	1.41	25.69	1.12
680	218.67	2.55	98.00	1.88	49.60	1.45	27.27	1.16
700	231.72	2.63	103.85	1.94	52.56	1.49	28.90	1.19
720	245.15	2.70	109.87	1.99	55.61	1.54	30.58	1.22
740	258.96	2.78	116.06	2.05	58.74	1.58	32.30	1.26
760	273.14	2.85	122.41	2.10	61.96	1.62	34.07	1.29
780	287.71	2.93	128.94	2.16	65.27	1.66	35.89	1.33
800	302.65	3.00	135.64	2.21	68.66	1.71	37.75	1.36
820	317.97	3.08	142.51	2.27	72.13	1.75	39.66	1.39

续表

公称直径/mm	DN350		DN400		DN450		DN500	
内径/mm	365.4		416.0		466.2		517.0	
G(t/h)	R/(Pa/m)	v/(m/s)	R/(Pa/m)	v/(m/s)	R/(Pa/m)	v/(m/s)	R/(Pa/m)	v/(m/s)
840	149.54	2.32	75.69	1.79	41.62	1.43	24.18	1.16
860	156.75	2.38	79.34	1.83	43.62	1.46	25.35	1.19
880	164.12	2.43	83.07	1.88	45.68	1.49	26.54	1.22
900	171.67	2.49	86.89	1.92	47.78	1.53	27.76	1.24
920	179.38	2.54	90.80	1.96	49.92	1.56	29.01	1.27
940	187.27	2.60	94.79	2.01	52.12	1.60	30.28	1.30
960	195.32	2.65	98.86	2.05	54.36	1.63	31.58	1.33
980	203.54	2.71	103.03	2.09	56.65	1.66	32.91	1.35
1000	211.94	2.77	107.28	2.13	58.98	1.70	34.27	1.38
1050	233.66	2.90	118.27	2.24	65.03	1.78	37.78	1.45
公称直径/mm	DN400		DN450		DN500		DN600	
内径/mm	416.0		466.2		517.0		617.6	
G(t/h)	R/(Pa/m)	v/(m/s)	R/(Pa/m)	v/(m/s)	R/(Pa/m)	v/(m/s)	R/(Pa/m)	v/(m/s)
1100	129.80	2.35	71.37	1.87	41.47	1.52	16.30	1.06
1150	141.87	2.45	78.01	1.95	45.32	1.59	17.82	1.11
1200	154.48	2.56	84.94	2.04	49.35	1.66	19.40	1.16
1250	167.62	2.67	92.16	2.12	53.55	1.73	21.05	1.21
1300	181.29	2.77	99.68	2.21	57.92	1.80	22.77	1.26
1350	195.51	2.88	107.50	2.29	62.46	1.86	24.56	1.31
1400	210.26	2.99	115.61	2.38	67.17	1.93	26.41	1.36
1450	225.55	3.09	124.01	2.46	72.05	2.00	28.33	1.40
1500	241.37	3.20	132.71	2.55	77.11	2.07	30.32	1.45
1550	257.73	3.31	141.71	2.63	82.33	2.14	32.37	1.50
1600	274.62	3.41	151.00	2.72	87.73	2.21	34.50	1.55

第4章 设计计算

续表

公称直径/mm	DN450		DN500		DN600		DN700	
内径/mm	466.2		517.0		617.6		720.4	
G(t/h)	R/(Pa/m)	v/(m/s)	R/(Pa/m)	v/(m/s)	R/(Pa/m)	v/(m/s)	R/(Pa/m)	v/(m/s)
1650	160.58	2.80	93.30	2.28	36.69	1.60	16.35	1.17
1700	170.46	2.89	99.04	2.35	38.94	1.65	17.35	1.21
1750	180.64	2.97	104.95	2.42	41.27	1.69	18.39	1.25
1800	191.11	3.06	111.03	2.49	43.66	1.74	19.45	1.28
1850	201.87	3.14	117.29	2.56	46.12	1.79	20.55	1.32
1900	212.93	3.23	123.71	2.62	48.64	1.84	21.68	1.35
公称直径/mm	DN600		DN700		DN800		DN900	
内径/mm	617.6		720.4		822.8		923.8	
G(t/h)	R/(Pa/m)	v/(m/s)	R/(Pa/m)	v/(m/s)	R/(Pa/m)	v/(m/s)	R/(Pa/m)	v/(m/s)
1650	36.69	1.60	16.35	1.17				
1700	38.94	1.65	17.35	1.21				
1750	41.27	1.69	18.39	1.25				
1800	43.66	1.74	19.45	1.28				
1850	46.12	1.79	20.55	1.32				
1900	48.64	1.84	21.68	1.35				
1950	51.24	1.89	22.83	1.39	11.36	1.06		
2000	53.90	1.94	24.02	1.42	11.95	1.09		
2100	59.42	2.03	26.48	1.49	13.18	1.15		
2200	65.22	2.13	29.06	1.57	14.46	1.20		
2300	71.28	2.23	31.76	1.64	15.81	1.25		
2400	77.62	2.32	34.59	1.71	17.21	1.31		
2500	84.22	2.42	37.53	1.78	18.68	1.36	10.17	1.08
2600	91.09	2.52	40.59	1.85	20.20	1.42	11.00	1.12
2700	98.23	2.61	43.77	1.92	21.79	1.47	11.86	1.17
2800	105.64	2.71	47.08	1.99	23.43	1.53	12.76	1.21
2900	113.32	2.81	50.50	2.06	25.13	1.58	13.69	1.25
3000	121.27	2.90	54.04	2.13	26.90	1.64	14.65	1.30
3100	129.49	3.00	57.70	2.21	28.72	1.69	15.64	1.34
3200	137.98	3.10	61.49	2.28	30.60	1.75	16.66	1.38

续表

公称直径/mm	DN700		DN800		DN900		DN1000	
内径/mm	720.4		822.8		923.8		1024.8	
G/(t/h)	R/(Pa/m)	v/(m/s)	R/(Pa/m)	v/(m/s)	R/(Pa/m)	v/(m/s)	R/(Pa/m)	v/(m/s)
3300	65.39	2.35	32.54	1.80	17.72	1.43	10.28	1.16
3400	69.41	2.42	34.55	1.85	18.81	1.47	10.91	1.20
3500	73.56	2.49	36.61	1.91	19.93	1.51	11.56	1.23
3600	77.82	2.56	38.73	1.96	21.09	1.56	12.23	1.27
3700	82.20	2.63	40.91	2.02	22.28	1.60	12.92	1.30
3800	86.70	2.70	43.15	2.07	23.50	1.64	13.63	1.34
3900	91.33	2.77	45.45	2.13	24.75	1.69	14.36	1.37
4000	96.07	2.85	47.81	2.18	26.04	1.73	15.10	1.41
4100	100.94	2.92	50.24	2.24	27.35	1.77	15.87	1.44
4200	105.92	2.99	52.72	2.29	28.70	1.82	16.65	1.48
4300	111.02	3.06	55.26	2.35	30.09	1.86	17.45	1.51
公称直径/mm	DN800		DN900		DN1000		DN1100	
内径/mm	822.8		923.8		1024.8		1126.8	
G/(t/h)	R/(Pa/m)	v/(m/s)	R/(Pa/m)	v/(m/s)	R/(Pa/m)	v/(m/s)	R/(Pa/m)	v/(m/s)
4400	57.86	2.40	31.50	1.90	18.27	1.55		
4500	60.52	2.45	32.95	1.95	19.11	1.58	11.61	1.31
4600	63.24	2.51	34.43	1.99	19.97	1.62	12.14	1.34
4700	66.01	2.56	35.95	2.03	20.85	1.65	12.67	1.37
4800	68.85	2.62	37.49	2.08	21.75	1.69	13.21	1.40
4900	71.75	2.67	39.07	2.12	22.66	1.72	13.77	1.42
5000	74.71	2.73	40.68	2.16	23.60	1.76	14.34	1.45
5100			42.32	2.21	24.55	1.79	14.92	1.48
5200			44.00	2.25	25.52	1.83	15.51	1.51
5300			45.71	2.29	26.51	1.86	16.11	1.54
5400			47.45	2.34	27.52	1.90	16.72	1.57
5500			49.22	2.38	28.55	1.93	17.35	1.60

第4章 设计计算

续表

公称直径/mm	DN900		DN1000		DN1100		DN1200	
内径/mm	923.8		1024.8		1126.8		1227.8	
G(t/h)	R/(Pa/m)	v/(m/s)	R/(Pa/m)	v/(m/s)	R/(Pa/m)	v/(m/s)	R/(Pa/m)	v/(m/s)
5600	51.03	2.42	29.60	1.97	17.99	1.63	11.46	1.37
5700	52.87	2.47	30.66	2.00	18.63	1.66	11.87	1.40
5800	54.74	2.51	31.75	2.04	19.29	1.69	12.29	1.42
5900	56.64	2.55	32.85	2.07	19.96	1.72	12.72	1.45
6000	58.58	2.60	33.98	2.11	20.65	1.74	13.16	1.47
6100	60.55	2.64	35.12	2.14	21.34	1.77	13.60	1.49
6200	62.55	2.68	36.28	2.18	22.05	1.80	14.05	1.52
6300	64.59	2.73	37.46	2.21	22.76	1.83	14.50	1.54
6400	66.65	2.77	38.66	2.25	23.49	1.86	14.97	1.57
6500	68.75	2.81	39.88	2.29	24.23	1.89	15.44	1.59
6600	70.88	2.86	41.11	2.32	24.98	1.92	15.92	1.62
6700	73.05	2.90	42.37	2.36	25.74	1.95	16.40	1.64
6800			43.64	2.39	26.52	1.98	16.90	1.67
6900			44.93	2.43	27.30	2.01	17.40	1.69
7000			46.25	2.46	28.10	2.04	17.91	1.71
7100			47.58	2.50	28.91	2.06	18.42	1.74
7200			48.93	2.53	29.73	2.09	18.94	1.76
7300			50.30	2.57	30.56	2.12	19.47	1.79
7400			51.68	2.60	31.41	2.15	20.01	1.81
7500			53.09	2.64	32.26	2.18	20.56	1.84
7600			54.51	2.67	33.13	2.21	21.11	1.86
7700			55.96	2.71	34.00	2.24	21.67	1.89
7800			57.42	2.74	34.89	2.27	22.23	1.91
7900			58.90	2.78	35.79	2.30	22.81	1.93

续表

公称直径/mm	DN1000		DN1100		DN1200		DN1400	
内径/mm	1024.8		1126.8		1227.8		1430.6	
G(t/h)	R/(Pa/m)	v/(m/s)	R/(Pa/m)	v/(m/s)	R/(Pa/m)	v/(m/s)	R/(Pa/m)	v/(m/s)
8000	60.40	2.81	36.70	2.33	23.39	1.96	10.48	1.44
8100	61.92	2.85	37.63	2.36	23.98	1.98	10.75	1.46
8200	63.46	2.88	38.56	2.38	24.57	2.01	11.01	1.48
8300	65.02	2.92	39.51	2.41	25.18	2.03	11.28	1.50
8400	66.60	2.95	40.47	2.44	25.79	2.06	11.56	1.52
8500	68.19	2.99	41.44	2.47	26.40	2.08	11.83	1.53
8600	69.80	3.02	42.42	2.50	27.03	2.11	12.11	1.55
8700	71.44	3.06	43.41	2.53	27.66	2.13	12.40	1.57
8800	73.09	3.09	44.41	2.56	28.30	2.16	12.68	1.59
公称直径/mm	DN1100		DN1200		DN1400		DN1500	
内径/mm	1126.8		1227.8		1430.6		1531.6	
G(t/h)	R/(Pa/m)	v/(m/s)	R/(Pa/m)	v/(m/s)	R/(Pa/m)	v/(m/s)	R/(Pa/m)	v/(m/s)
8900	45.43	2.59	28.95	2.18	12.97	1.61	9.07	1.40
9000	46.45	2.62	29.60	2.20	13.27	1.62	9.27	1.42
9100	47.49	2.65	30.26	2.23	13.56	1.64	9.48	1.43
9200	48.54	2.68	30.93	2.25	13.86	1.66	9.69	1.45
9300	49.60	2.70	31.61	2.28	14.17	1.68	9.90	1.46
9400	50.68	2.73	32.29	2.30	14.47	1.70	10.12	1.48
9500	51.76	2.76	32.98	2.33	14.78	1.71	10.33	1.50
9600	52.85	2.79	33.68	2.35	15.09	1.73	10.55	1.51
9700	53.96	2.82	34.38	2.38	15.41	1.75	10.77	1.53
9800	55.08	2.85	35.10	2.40	15.73	1.77	10.99	1.54
9900	56.21	2.88	35.82	2.42	16.05	1.79	11.22	1.56
10000	57.35	2.91	36.54	2.45	16.38	1.80	11.45	1.57
11000	69.40	3.20	44.22	2.69	19.82	1.98	13.85	1.73

第4章 设计计算

续表

公称直径/mm	DN1200		DN1400		DN1500		DN1600	
内径/mm	1227.8		1430.6		1531.6		1632.6	
G(t/h)	R/(Pa/m)	v/(m/s)	R/(Pa/m)	v/(m/s)	R/(Pa/m)	v/(m/s)	R/(Pa/m)	v/(m/s)
12000	52.62	2.94	23.58	2.16	16.48	1.89	11.79	1.66
13000	61.76	3.18	27.68	2.35	19.35	2.05	13.84	1.80
14000	71.63	3.43	32.10	2.53	22.44	2.20	16.05	1.94
15000	82.22	3.67	36.85	2.71	25.76	2.36	18.42	2.08
16000	93.55	3.92	41.93	2.89	29.31	2.52	20.96	2.22
17000			47.33	3.07	33.08	2.68	23.66	2.35
18000			53.07	3.25	37.09	2.83	26.53	2.49
19000			59.13	3.43	41.33	2.99	29.55	2.63
20000			65.51	3.61	45.79	3.15	32.75	2.77
21000			72.23	3.79	50.49	3.31	36.10	2.91
22000			79.27	3.97	55.41	3.46	39.62	3.05
23000					60.56	3.62	43.31	3.19
24000					65.94	3.78	47.16	3.32
25000					71.55	3.93	51.17	3.46
26000					77.39	4.09	55.34	3.60
27000					83.46	4.25	59.68	3.74
28000							64.19	3.88
29000							68.85	4.02
30000							73.68	4.16
31000							78.68	4.29

注：υ 为热媒的运动黏滞系数，m²/s；v 为热媒在管道内的流速，m/s。

附表 4-3 球墨铸铁管水力计算表（二）

($K=0.1$ mm，$t=100$ ℃，$\rho=958.4$ kg/m³，$\upsilon=0.295\times10^{-6}$ m²/s，管道内径计算时考虑内衬厚度)

公称直径/mm	DN100		DN125		DN150		DN200	
内径/mm	101.2		127.0		153.0		204.6	
G(t/h)	R/(Pa/m)	v/(m/s)	R/(Pa/m)	v/(m/s)	R/(Pa/m)	v/(m/s)	R/(Pa/m)	v/(m/s)
10	11.99	0.36	3.64	0.23				
12	17.26	0.43	5.24	0.27				

续表

公称直径/mm	DN100		DN125		DN150		DN200	
内径/mm	101.2		127.0		153.0		204.6	
G(t/h)	R/(Pa/m)	v/(m/s)	R/(Pa/m)	v/(m/s)	R/(Pa/m)	v/(m/s)	R/(Pa/m)	v/(m/s)
14	23.50	0.50	7.13	0.32				
16	30.69	0.58	9.32	0.37				
18	38.85	0.65	11.79	0.41				
20	47.96	0.72	14.56	0.46				
22	58.03	0.79	17.61	0.50				
24	69.06	0.87	20.96	0.55				
26	81.05	0.94	24.60	0.60				
28	94.00	1.01	28.53	0.64				
30	107.90	1.08	32.75	0.69				
32	122.77	1.15	37.27	0.73				
34	138.60	1.23	42.07	0.78				
36	155.38	1.30	47.17	0.82				
38	173.13	1.37	52.55	0.87				
40	191.83	1.44	58.23	0.92				
42	211.49	1.51	64.20	0.96	24.15	0.66		
44	232.12	1.59	70.46	1.01	26.50	0.69		
46	253.70	1.66	77.01	1.05	28.97	0.73		
48	276.24	1.73	83.85	1.10	31.54	0.76		
50	299.74	1.80	90.98	1.14	34.22	0.79		
52	324.19	1.87	98.41	1.19	37.01	0.82		
54	349.61	1.95	106.12	1.24	39.92	0.85		
56	375.99	2.02	114.13	1.28	42.93	0.88		
58	403.32	2.09	122.43	1.33	46.05	0.91		
60			131.02	1.37	49.28	0.95		
62			139.90	1.42	52.62	0.98		
64			149.07	1.47	56.07	1.01		
66			158.53	1.51	59.63	1.04		
68			168.28	1.56	63.30	1.07		

第4章 设计计算

续表

公称直径/mm	DN100		DN125		DN150		DN200	
内径/mm	101.2		127.0		153.0		204.6	
G(t/h)	R/(Pa/m)	v/(m/s)	R/(Pa/m)	v/(m/s)	R/(Pa/m)	v/(m/s)	R/(Pa/m)	v/(m/s)
70			178.33	1.60	67.08	1.10		
72			188.67	1.65	70.96	1.14		
74			199.29	1.69	74.96	1.17		
76			210.21	1.74	79.07	1.20		
78			221.42	1.79	83.28	1.23		
80			232.92	1.83	87.61	1.26	19.05	0.71
82			244.71	1.88	92.04	1.29	20.02	0.72
84			256.79	1.92	96.59	1.32	21.00	0.74
86			269.17	1.97	101.24	1.36	22.02	0.76
88			281.83	2.01	106.01	1.39	23.05	0.78
90					110.88	1.42	24.11	0.79
92					115.86	1.45	25.20	0.81
94					120.95	1.48	26.30	0.83
96					126.16	1.51	27.43	0.85
98					131.47	1.55	28.59	0.86
公称直径/mm	DN150		DN200		DN250		DN300	
内径/mm	153.0		204.6		255.0		305.6	
G(t/h)	R/(Pa/m)	v/(m/s)	R/(Pa/m)	v/(m/s)	R/(Pa/m)	v/(m/s)	R/(Pa/m)	v/(m/s)
100	136.89	1.58	29.77	0.88	9.37	0.57		
110	165.63	1.73	36.02	0.97	11.34	0.62		
120	197.12	1.89	42.87	1.06	13.49	0.68		
130	231.34	2.05	50.31	1.15	15.83	0.74		
140	268.30	2.21	58.34	1.23	18.36	0.79		
150	308.00	2.37	66.98	1.32	21.08	0.85		
160	350.43	2.52	76.20	1.41	23.98	0.91		
170	395.61	2.68	86.03	1.50	27.07	0.97	10.47	0.67
180			96.45	1.59	30.35	1.02	11.74	0.71
190			107.46	1.68	33.82	1.08	13.08	0.75
200			119.07	1.76	37.47	1.14	14.49	0.79
220			144.07	1.94	45.34	1.25	17.53	0.87

续表

公称直径/mm	DN200		DN250		DN300		DN350	
内径/mm	204.6		255.0		305.6		355.4	
G(t/h)	R/(Pa/m)	v/(m/s)	R/(Pa/m)	v/(m/s)	R/(Pa/m)	v/(m/s)	R/(Pa/m)	v/(m/s)
240	171.46	2.12	53.96	1.36	20.86	0.95	9.44	0.70
260	201.23	2.29	63.33	1.48	24.48	1.03	11.08	0.76
280	233.38	2.47	73.45	1.59	28.40	1.11	12.85	0.82
300	267.91	2.65	84.31	1.70	32.60	1.19	14.76	0.88
320	304.82	2.82	95.93	1.82	37.09	1.27	16.79	0.94
340	344.11	3.00	108.30	1.93	41.87	1.34	18.95	0.99
360			121.41	2.04	46.94	1.42	21.25	1.05

公称直径/mm	DN250		DN300		DN350		DN400	
内径/mm	255.0		305.6		355.4		406.0	
G(t/h)	R/(Pa/m)	v/(m/s)	R/(Pa/m)	v/(m/s)	R/(Pa/m)	v/(m/s)	R/(Pa/m)	v/(m/s)
380	135.28	2.16	52.30	1.50	23.68	1.11	11.77	0.85
400	149.89	2.27	57.95	1.58	26.23	1.17	13.04	0.90
420	165.26	2.38	63.89	1.66	28.92	1.23	14.38	0.94
440	181.37	2.50	70.12	1.74	31.74	1.29	15.78	0.99
460	198.23	2.61	76.64	1.82	34.69	1.34	17.25	1.03
480	215.85	2.73	83.45	1.90	37.78	1.40	18.78	1.08
500	234.21	2.84	90.55	1.98	40.99	1.46	20.38	1.12
520	253.32	2.95	97.94	2.06	44.33	1.52	22.04	1.16
540	273.18	3.07	105.62	2.13	47.81	1.58	23.77	1.21
560	293.79	3.18	113.58	2.21	51.42	1.64	25.56	1.25
580	315.15	3.29	121.84	2.29	55.16	1.70	27.42	1.30
600	337.26	3.41	130.39	2.37	59.02	1.75	29.35	1.34
620			139.23	2.45	63.03	1.81	31.33	1.39
640			148.35	2.53	67.16	1.87	33.39	1.43
660			157.77	2.61	71.42	1.93	35.51	1.48
680			167.48	2.69	75.81	1.99	37.69	1.52
700			177.48	2.77	80.34	2.05	39.94	1.57
720			187.76	2.85	85.00	2.10	42.26	1.61

第4章 设计计算

续表

公称直径/mm	DN300		DN350		DN400		DN450	
内径/mm	305.6		355.4		406.0		456.2	
G(t/h)	R/(Pa/m)	v/(m/s)	R/(Pa/m)	v/(m/s)	R/(Pa/m)	v/(m/s)	R/(Pa/m)	v/(m/s)
740	198.34	2.93	89.78	2.16	44.64	1.66	24.20	1.31
760	209.20	3.00	94.70	2.22	47.08	1.70	25.53	1.35
780	220.36	3.08	99.75	2.28	49.59	1.75	26.89	1.38
800	231.80	3.16	104.93	2.34	52.17	1.79	28.29	1.42
820	243.54	3.24	110.24	2.40	54.81	1.84	29.72	1.45
840	255.56	3.32	115.69	2.46	57.52	1.88	31.19	1.49
860	267.88	3.40	121.26	2.51	60.29	1.93	32.69	1.53
880	280.48	3.48	126.97	2.57	63.12	1.97	34.23	1.56
公称直径/mm	DN350		DN400		DN450		DN500	
内径/mm	355.4		406.0		456.2		507.0	
G(t/h)	R/(Pa/m)	v/(m/s)	R/(Pa/m)	v/(m/s)	R/(Pa/m)	v/(m/s)	R/(Pa/m)	v/(m/s)
900	132.81	2.63	66.03	2.02	35.80	1.60	20.57	1.29
920	138.77	2.69	68.99	2.06	37.41	1.63	21.49	1.32
940	144.87	2.75	72.03	2.11	39.06	1.67	22.44	1.35
960	151.10	2.81	75.12	2.15	40.74	1.70	23.40	1.38
980	157.46	2.86	78.29	2.20	42.45	1.74	24.39	1.41
1000	163.96	2.92	81.51	2.24	44.20	1.77	25.39	1.44
1050	180.76	3.07	89.87	2.35	48.73	1.86	28.00	1.51
1100	198.39	3.22	98.63	2.46	53.48	1.95	30.72	1.58
1150	216.83	3.36	107.80	2.58	58.46	2.04	33.58	1.65
公称直径/mm	DN400		DN450		DN500		DN600	
内径/mm	406.0		456.2		507.0		607.6	
G(t/h)	R/(Pa/m)	v/(m/s)	R/(Pa/m)	v/(m/s)	R/(Pa/m)	v/(m/s)	R/(Pa/m)	v/(m/s)
1200	117.38	2.69	63.65	2.13	36.57	1.72	14.14	1.20
1250	127.37	2.80	69.06	2.22	39.68	1.80	15.34	1.25
1300	137.76	2.91	74.70	2.31	42.91	1.87	16.59	1.30
1350	148.56	3.02	80.56	2.39	46.28	1.94	17.89	1.35
1400	159.77	3.14	86.63	2.48	49.77	2.01	19.24	1.40

续表

公称直径/mm	DN400		DN450		DN500		DN600	
内径/mm	406.0		456.2		507.0		607.6	
G(t/h)	R/(Pa/m)	v/(m/s)	R/(Pa/m)	v/(m/s)	R/(Pa/m)	v/(m/s)	R/(Pa/m)	v/(m/s)
1450	171.38	3.25	92.93	2.57	53.39	2.08	20.64	1.45
1500	183.41	3.36	99.45	2.66	57.13	2.15	22.09	1.50
1550	195.84	3.47	106.19	2.75	61.01	2.23	23.59	1.55
1600	208.68	3.58	113.15	2.84	65.00	2.30	25.13	1.60
1650	221.92	3.70	120.34	2.93	69.13	2.37	26.73	1.65
1700	235.58	3.81	127.74	3.02	73.38	2.44	28.37	1.70
1750	249.64	3.92	135.37	3.10	77.76	2.51	30.07	1.75
1800	264.11	4.03	143.21	3.19	82.27	2.59	31.81	1.80
1850	278.98	4.14	151.28	3.28	86.91	2.66	33.60	1.85
1900			159.57	3.37	91.67	2.73	35.44	1.90
1950			168.07	3.46	96.55	2.80	37.33	1.95
2000			176.80	3.55	101.57	2.87	39.27	2.00
2100			194.93	3.73	111.98	3.02	43.30	2.10
2200			213.93	3.90	122.90	3.16	47.52	2.20
2300			233.82	4.08	134.33	3.30	51.93	2.30
公称直径/mm	DN600		DN700		DN800		DN900	
内径/mm	607.6		708.4		810.8		911.8	
G(t/h)	R/(Pa/m)	v/(m/s)	R/(Pa/m)	v/(m/s)	R/(Pa/m)	v/(m/s)	R/(Pa/m)	v/(m/s)
2400	56.55	2.40	25.26	1.77	12.43	1.35		
2500	61.36	2.50	27.41	1.84	13.49	1.40		
2600	66.37	2.60	29.65	1.91	14.59	1.46		
2700	71.57	2.70	31.97	1.99	15.74	1.52		
2800	76.97	2.80	34.38	2.06	16.92	1.57		
2900	82.57	2.90	36.88	2.13	18.15	1.63		
3000	88.36	3.00	39.47	2.21	19.43	1.68		
3100	94.35	3.10	42.15	2.28	20.75	1.74		
3200	100.53	3.20	44.91	2.35	22.11	1.80	11.94	1.42
3300	106.91	3.30	47.76	2.43	23.51	1.85	12.69	1.47

续表

公称直径/mm	DN600		DN700		DN800		DN900	
内径/mm	607.6		708.4		810.8		911.8	
G/(t/h)	R/(Pa/m)	v/(m/s)	R/(Pa/m)	v/(m/s)	R/(Pa/m)	v/(m/s)	R/(Pa/m)	v/(m/s)
3400	113.49	3.40	50.70	2.50	24.95	1.91	13.47	1.51
3500	120.26	3.50	53.72	2.58	26.44	1.97	14.28	1.55
3600			56.84	2.65	27.98	2.02	15.11	1.60
3700			60.04	2.72	29.55	2.08	15.96	1.64
3800			63.33	2.80	31.17	2.13	16.83	1.69
3900			66.71	2.87	32.83	2.19	17.73	1.73
4000			70.17	2.94	34.54	2.25	18.65	1.78
4100			73.72	3.02	36.29	2.30	19.59	1.82
4200			77.36	3.09	38.08	2.36	20.56	1.87
4300			81.09	3.16	39.91	2.42	21.55	1.91
4400					41.79	2.47	22.56	1.95
公称直径/mm	DN800		DN900		DN1000		DN1100	
内径/mm	810.8		911.8		1012.8		1114.8	
G/(t/h)	R/(Pa/m)	v/(m/s)	R/(Pa/m)	v/(m/s)	R/(Pa/m)	v/(m/s)	R/(Pa/m)	v/(m/s)
4500	43.71	2.53	23.60	2.00	13.60	1.62		
4600	45.68	2.58	24.66	2.04	14.21	1.66		
4700	47.69	2.64	25.75	2.09	14.83	1.69		
4800	49.74	2.70	26.85	2.13	15.47	1.73		
4900	51.83	2.75	27.98	2.18	16.12	1.76		
5000	53.97	2.81	29.14	2.22	16.79	1.80		
5100	56.15	2.86	30.32	2.26	17.46	1.84		
5200	58.37	2.92	31.52	2.31	18.16	1.87		
5300	60.64	2.98	32.74	2.35	18.86	1.91		
5400	62.95	3.03	33.99	2.40	19.58	1.94		
5500	65.30	3.09	35.26	2.44	20.31	1.98		
5600	67.70	3.15	36.55	2.49	21.06	2.02		
5700	70.14	3.20	37.87	2.53	21.81	2.05		
5800	72.62	3.26	39.21	2.58	22.59	2.09		

续表

公称直径/mm	DN800		DN900		DN1000		DN1100	
内径/mm	810.8		911.8		1012.8		1114.8	
G(t/h)	R/(Pa/m)	v/(m/s)	R/(Pa/m)	v/(m/s)	R/(Pa/m)	v/(m/s)	R/(Pa/m)	v/(m/s)
5900	75.15	3.31	40.57	2.62	23.37	2.12	14.12	1.75
6000	77.71	3.37	41.96	2.66	24.17	2.16	14.61	1.78
6100			43.37	2.71	24.98	2.20	15.10	1.81
6200			44.80	2.75	25.81	2.23	15.60	1.84
6300			46.26	2.80	26.65	2.27	16.10	1.87
6400			47.74	2.84	27.50	2.30	16.62	1.90
6500			49.24	2.89	28.37	2.34	17.14	1.93
6600			50.77	2.93	29.25	2.38	17.67	1.96
6700			52.32	2.98	30.14	2.41	18.21	1.99
6800			53.89	3.02	31.05	2.45	18.76	2.02
6900			55.49	3.06	31.97	2.48	19.32	2.05
7000			57.11	3.11	32.90	2.52	19.88	2.08
7100			58.75	3.15	33.85	2.56	20.45	2.11

公称直径/mm	DN900		DN1000		DN1100		DN1200	
内径/mm	911.8		1012.8		1114.8		1215.8	
G(t/h)	R/(Pa/m)	v/(m/s)	R/(Pa/m)	v/(m/s)	R/(Pa/m)	v/(m/s)	R/(Pa/m)	v/(m/s)
7200	60.42	3.20	34.81	2.59	21.03	2.14	13.34	1.80
7300	62.11	3.24	35.78	2.63	21.62	2.17	13.71	1.82
7400	63.82	3.29	36.77	2.66	22.22	2.20	14.09	1.85
7500	65.56	3.33	37.77	2.70	22.82	2.23	14.47	1.87
7600	67.32	3.38	38.78	2.74	23.43	2.26	14.86	1.90
7700	69.10	3.42	39.81	2.77	24.05	2.29	15.26	1.92
7800	70.91	3.46	40.85	2.81	24.68	2.32	15.66	1.95
7900	72.74	3.51	41.90	2.84	25.32	2.35	16.06	1.97
8000	74.59	3.55	42.97	2.88	25.97	2.38	16.47	2.00
8100	76.47	3.60	44.05	2.92	26.62	2.41	16.88	2.02
8200	78.37	3.64	45.15	2.95	27.28	2.44	17.30	2.05
8300			46.25	2.99	27.95	2.47	17.73	2.07
8400			47.38	3.02	28.63	2.50	18.16	2.10

第4章 设计计算

续表

公称直径/mm	DN900		DN1000		DN1100		DN1200	
内径/mm	911.8		1012.8		1114.8		1215.8	
G(t/h)	R/(Pa/m)	v/(m/s)	R/(Pa/m)	v/(m/s)	R/(Pa/m)	v/(m/s)	R/(Pa/m)	v/(m/s)
8500			48.51	3.06	29.31	2.53	18.59	2.12
8600			49.66	3.10	30.01	2.55	19.03	2.15
8700			50.82	3.13	30.71	2.58	19.48	2.17
8800			52.00	3.17	31.42	2.61	19.93	2.20
8900			53.18	3.20	32.14	2.64	20.38	2.22
9000			54.39	3.24	32.86	2.67	20.84	2.25
9100			55.60	3.28	33.60	2.70	21.31	2.27
9200			56.83	3.31	34.34	2.73	21.78	2.30
9300			58.07	3.35	35.09	2.76	22.26	2.32

公称直径/mm	DN1000		DN1100		DN1200		DN1400	
内径/mm	1012.8		1114.8		1215.8		1412.6	
G(t/h)	R/(Pa/m)	v/(m/s)	R/(Pa/m)	v/(m/s)	R/(Pa/m)	v/(m/s)	R/(Pa/m)	v/(m/s)
9400	59.33	3.38	35.85	2.79	22.74	2.35	10.34	1.74
9500	60.60	3.42	36.62	2.82	23.22	2.37	10.56	1.76
9600	61.88	3.46	37.39	2.85	23.71	2.40	10.79	1.78
9700	63.17	3.49	38.17	2.88	24.21	2.42	11.01	1.79
9800	64.48	3.53	38.96	2.91	24.71	2.45	11.24	1.81
9900	65.81	3.56	39.76	2.94	25.22	2.47	11.47	1.83
10000	67.14	3.60	40.57	2.97	25.73	2.50	11.71	1.85
11000	81.24	3.96	49.09	3.27	31.14	2.75	14.16	2.04

公称直径/mm	DN1200		DN1400		DN1500		DN1600	
内径/mm	1215.8		1412.6		1513.6		1614.6	
G(t/h)	R/(Pa/m)	v/(m/s)	R/(Pa/m)	v/(m/s)	R/(Pa/m)	v/(m/s)	R/(Pa/m)	v/(m/s)
12000	37.05	3.00	16.86	2.22	11.73	1.93		
13000	43.49	3.25	19.78	2.41	13.77	2.10	9.81	1.84
14000	50.43	3.50	22.94	2.59	15.97	2.26	11.37	1.98
15000	57.90	3.75	26.34	2.78	18.33	2.42	13.06	2.12
16000	65.87	4.00	29.97	2.96	20.85	2.58	14.86	2.27

续表

公称直径/mm	DN1200		DN1400		DN1500		DN1600	
内径/mm	1215.8		1412.6		1513.6		1614.6	
G(t/h)	R/(Pa/m)	v/(m/s)	R/(Pa/m)	v/(m/s)	R/(Pa/m)	v/(m/s)	R/(Pa/m)	v/(m/s)
17000	74.36	4.25	33.83	3.15	23.54	2.74	16.77	2.41
18000	83.37	4.50	37.93	3.33	26.39	2.90	18.80	2.55
19000			42.26	3.52	29.41	3.06	20.95	2.69
20000			46.82	3.70	32.58	3.22	23.21	2.83
21000			51.62	3.89	35.92	3.38	25.59	2.97
22000			56.66	4.07	39.43	3.55	28.09	3.12
23000			61.92	4.26	43.09	3.71	30.70	3.26
24000			67.42	4.44	46.92	3.87	33.43	3.40
25000			73.16	4.63	50.91	4.03	36.27	3.54
26000			79.13	4.81	55.07	4.19	39.23	3.68
27000			85.33	5.00	59.38	4.35	42.30	3.82
28000			91.77	5.18	63.86	4.51	45.50	3.97
29000					68.51	4.67	48.80	4.11
30000					73.31	4.83	52.23	4.25
31000					78.28	5.00	55.77	4.39
32000					83.41	5.16	59.42	4.53
33000					88.71	5.32	63.20	4.67
34000					94.17	5.48	67.08	4.82
35000							71.09	4.96
36000							75.21	5.10
37000							79.44	5.24

注：v 为热媒的运动黏滞系数，m^2/s；v 为热媒在管道内的流速，m/s。

第 5 章　管道布置与敷设

5.1　热力管道布置的一般原则

（1）城镇供热管网的布置应在城镇供热规划的指导下，根据热负荷分布、热源位置、其他管线及构筑物、园林绿地、水文地质条件等因素，经技术经济比较确定。

（2）城镇供热管网的位置应符合下列规定：

①城镇道路上的供热管道应平行于道路中心线，并宜敷设在车行道以外，同一条管道应只沿街道的一侧敷设。这样便于管道检修维护；

②供热管道应布置在易于检修和维护的位置；

③通过非建筑区的供热管道按照优先级宜敷设在道路、河道、绿地、山丘、农田；

④供热管道宜避开土质松软地区、地震断裂带、矿山采空区、山洪易发地、滑坡危险地带及高地下水位区等不利地段；

⑤供热管道宜避开多年生经济作物区和重要的农田基本设施；

⑥供热管道应避开重要的军事设施、易燃易爆仓库、国家重点文物保护区等；

⑦供热管道宜与铁路或公路的隧道及桥梁合建。

（3）热力管道的布置一般采用枝状布置。其优点是系统简单、造价低、运行管理方便，缺点是没有供热的后备性能，即当管线某处发生故障，在损坏地点以后的所有用户供热即会中断，甚至造成整个系统停止供热。

环状管网（主干线呈环状）的优点是具备供热的后备性能，但投资和金属消耗量都很大，因此实际工作中较少采用。

（4）当热水热力网满足下列条件且技术经济合理时，可采用开式热力网：

①具有水处理费用较低的丰富的补给水资源。

②具有与生活热水热负荷相适应的廉价低位能热源。

（5）开式热水热力网在生活热水热负荷足够大且技术经济合理时，可不设回水管。

（6）供热建筑面积大于或等于 1000 万平方米的供热系统应采用多热源供热。多热源供热系统在技术经济合理时，输配干线宜连接成环状管网，输配干线间宜设置连通干线。

（7）供热系统的主环线或多热源供热系统中热源间的连通干线设计时，应考虑不同事故工况下的切换手段。

（8）热源向同一方向引出的干线之间宜设连通管线，连通管线应结合分段阀门设置，连通管线可作为输配干线使用。连通管线应使故障段切除后其余热用户的最低保证率符合 CJJ/T 34《城镇供热管网设计标准》标准的规定。

（9）管径小于或等于 300 mm 的供热管道，可穿越建筑物的地下室或用开槽施工法自建筑物下专门敷设的通行管沟内穿过。用暗挖法施工穿过建筑物时可不受管径限制。

（10）热力网管道可与自来水管道、电压 10 kV 以下的电力电缆、通信线路、压缩空气管道、压力排水管道和重油管道一起敷设在综合管沟内。在综合管沟内，热力网管道应高于自来水管道和重油管道，并且自来水管道应做绝热层和防水层。

5.2　热力管道的敷设

（1）城镇道路上和居住区内的供热管道宜采用地下敷设。当地下敷设困难采用地上敷设时，应与周边环境相协调。我们注意到球墨铸铁管属于柔性连接，架空敷设管道支架跨距较小，所以适合在管架上敷设，不适宜用独立支架架空敷设。

（2）地下敷设宜采用直埋敷设，并应符合现行行业标准 CJJ/T 81《城镇供热直埋热水管道技术规程》。

（3）地上敷设的供热管道可与其他管道敷设在同一管架上，但应便于检修，且不得敷设在腐蚀性介质管道的下方。

（4）供热管道采用管沟敷设时，宜采用不通行管沟敷设。穿越不允许开挖检修的地段时，应采用通行管沟敷设（管廊）；当采用通行管沟困难时，可采用半通行管沟敷设。

（5）地上敷设的供热管道穿越行人过往频繁区域时，管道保温结构或跨越设施的下表面距地面的净距不应小于 2.5 m；在不影响交通的区域，应采用低支架，管道保温结构下表面距地面的净距不应小于 0.3 m。

（6）供热管道穿跨越水面、峡谷地段时应符合下列规定：

①供热管道可在永久性的公路桥上架设；

②供热管道跨越通航河流时，净宽与净高应符合现行国家标准 GB 50139《内河通航标准》的规定；

③供热管道跨越不通航河流时，管道保温结构下表面与 30 年一遇的最高水位的垂直净距不应小于 0.5 m；

④供热管道河底敷设时，应选择远离滩险、港口和锚地的稳定河段，埋设深

度不应妨碍河道整治，并应保证管道安全。穿越Ⅰ~Ⅴ级航道河流时，管道（管沟）的覆土深度应在规划航道底设计标高 2 m 以下；穿越其他河流时，管道（管沟）的覆土深度应在稳定河床底 1 m 以下；穿越灌溉渠道时，管道（管沟）的覆土深度应在渠底设计标高 0.5 m 以下。由于球墨铸铁预制保温管具有耐腐蚀的特性，在河道下敷设具有一定的优势；

⑤在河底敷设时，供热管道应进行抗浮和防冲刷设计。管道河底直埋敷设时应采取防止砂垫层流失的技术措施。

（7）供热管道同河流、铁路、公路等交叉时宜垂直相交。管道与铁路或地下铁路交叉角度不得小于60°；管道与河流或公路交叉角度不得小于45°。

（8）地下敷设供热管道与铁路或不允许开挖的公路交叉时，交叉段的一侧应留有抽管检修地段，可采用顶套管、顶涵敷设。

（9）套管敷设时，穿越管道应采用预制保温管；采用钢套管时，套管内、外表面均应进行防腐处理。

（10）地下敷设供热管道和管沟坡度不宜小于 0.002，进入建筑物的管道宜坡向干管。

（11）地下敷设供热管线的覆土深度应符合下列规定：

①管沟盖板或检查室盖板覆土深度不应小于 0.3 m；

②直埋敷设的管道的最小覆土深度应符合现行行业标准 CJJ/T 81《城镇供热直埋热水管道技术规程》的规定执行。传统预制保温大管径管道无补偿直埋敷设宜埋得深一些，对于球墨预制保温管可以埋得浅一些，但保温材料和管本身须能满足车辆动载荷冲击及径向变形限制。

（12）给水排水管道或电缆穿入供热管沟时，应加套管或采用厚度不小于 100 mm 的混凝土防护层与管沟隔开，同时不得妨碍供热管道的检修和管沟的排水，套管伸出管沟外的单侧长度不应小于 1 m。

（13）燃气管道不得穿过供热管沟。当供热管沟与燃气管道交叉的垂直净距小于 300 mm 时，应采取措施防止燃气泄漏进入管沟。例如，对燃气管道地沟段加装套管。

（14）管沟敷设的供热管道进入建筑物或穿过构筑物时，穿墙处的管沟应采取封堵措施，以防地下水和雨水渗入。

（15）一般在热力分支处都应设置检查井或人孔。直线管段长度在 100~150 m 的距离内虽无分支，也宜设置检查井或人孔；所有管道上必须设置阀门，都应安装在检查井或人孔内。排汽管、泄水管宜和操作阀门分井室设置。

5.3 球墨铸铁预制保温管直埋敷设

球墨铸铁预制保温管直埋敷设技术与钢制预制保温管直埋技术相比既有共性

也有其特殊性。特殊性主要表现在承插连接，以及承插连接引起的管道、管件组对方法及其结构形式，管道轴向、横向约束方法，管土作用及工作管强度和稳定性验算，施工安装方法等。本书重点介绍球墨铸铁预制保温管直埋敷设技术的特殊内容，极少不可分割的共性内容，详见第6~10章，其他参见《直埋供热管道工程设计》第三版。

直埋热水管道与设施的净距应参考表5-1的规定。

表5-1 球墨铸铁预制保温热力管道与设施的净距

设施名称			最小水平净距/m	最小垂直净距/m
给水、排水管道			1.5	0.15
排水盲沟			1.5	0.50
再生水管道			1.0	0.15
燃气管道（钢管）	≤0.4 MPa		1.0	0.15
	≤0.8 MPa		1.5	
	>0.8 MPa		2.0	
燃气管道（聚乙烯管）	≤0.4 MPa		1.0	燃气管在上0.5 燃气管在下1.0
	≤0.8 MPa		1.5	
	>0.8 MPa		2.0	
压缩空气或CO_2管道			1.0	0.15
乙炔、氧气管道			1.5	0.25
铁路钢轨			钢轨外侧5.0	轨底1.2
电车钢轨			钢轨外侧2.0	轨底1.0
铁路、公路路基边坡底脚或边沟的边缘			1.0	—
通信、照明或10 kV以下电力线路的电杆			1.0	—
高压输电线铁塔基础边缘（35~220 kV）			3.0	—
桥墩（高架桥、栈桥）			2.0	—
架空管道支架基础			1.5	—
地铁隧道结构			5.0	0.80
电气铁路接触网电杆基础			3.0	—
乔木、灌木			1.5	—
建筑物基础			3.0	—
电缆	通信电缆管块		1.0	0.15
	电力及控制电缆	≤35 kV	2.0	0.50
		≤110 kV	2.0	1.00

5.4 管线定向钻进技术

前已述及,球墨铸铁管道采用承插连接,所以普通球墨铸铁预制保温管不适合采用定向钻进技术。需要定向钻进敷设时应采用专用球墨铸铁管道。

5.4.1 基本规定

(1) 管线定向钻进宜用于过河、过路、过建筑物等障碍物的管线施工。

(2) 定向钻进施工适用于供热管线的敷设。

(3) 管线定向钻进工程应具备下列资料:城市道路规划和管线规划资料、地形地貌测量资料、地质勘察资料、地下管线和地下障碍物调查探测资料,以及铁路、道路、河流和周边环境等相关资料,并对其真实性进行复核和确认。

(4) 管线定向钻进工程所敷单根管线或管束的外径不宜大于 1 m。

(5) 下列特殊地区的定向钻穿越工程,为保证导向精度,宜使用有线测量导向控制系统实施导向孔钻进:

①河面宽度超过 40 m;
②地上和地下管线、建(构)筑物密集,且穿越长度大于 60 m;
③对穿越管位精度有特殊要求的敏感地区;
④现场干扰大、无线导向系统无法准确定位的地区。

5.4.2 设计要点

(1) 穿越公路、铁路、河流敷设管线的最小覆土厚度应符合相关行业标准的规定。当无标准规定时,管线敷设最小覆土深度应大于钻孔的最终回扩直径的6倍,并应符合表 5-2 的规定。

(2) 新敷设的管线与建筑物和既有地下管线的垂直净距和水平净距应符合相关行业标准的规定,无标准规定时应满足下列规定:

①敷设在建筑物基础以上时,与建筑物基础的水平净距不得小于 1.5 m;
②敷设在建筑物基础以下时,与建筑物基础的水平净距必须在持力层扩散角范围以外,还应考虑土层扰动后的变化,扩散角不得小于 45°;
③在建筑物基础以下敷设管线时,必须经有关部门批准和设计验算后确定敷设深度;
④与既有地下管线平行敷设时,ϕ200 mm 以上的管线,水平净距不得小于最终扩孔直径的 2 倍。ϕ200 mm 以下的管线,水平净距不得小于 0.6 m;
⑤从既有地下管线上部交叉敷设时,垂直净距应大于 0.5 m;
⑥从既有地下管线下部交叉敷设时,垂直净距应符合下列要求:
a. 黏性土的地层应大于最终扩孔直径的 1 倍;
b. 粉性土的地层应大于最终扩孔直径的 1.5 倍;

表 5-2 管线敷设最小覆土深度

被穿越对象	最小覆土深度
城市道路	与路面垂直净距 1.5 m
公路	与路面垂直净距 1.8 m；路基坡脚地面以下 1.2 m
高速公路	与路面垂直净距 2.5 m；路基坡脚地面以下 1.5 m
铁路	路基坡脚处地表下 5 m；路堑地形轨顶下 3 m；0 点断面轨顶下 6 m
河流	一级主河道百年一遇最大冲刷深度线以下 3 m；二级河道河底设计标高以下 3 m，最大冲刷深度线以下 2 m
地面建筑	根据基础结构类型和穿越方式，经计算地面建筑后确定

注：当行业标准规定不可穿越上述对象时，应根据行业标准执行。

c. 砂性土的地层应大于最终扩孔直径的 2 倍；

d. 小直径管线（一般小于 $\phi 200$ mm 的管线）垂直净距不得小于 0.5 m。

⑦遇可燃性管线、特种管线及弯曲孔段应考虑加大水平净距和垂直净距。达不到上述距离时，应采取有效的技术安全防护措施。

（3）当首段和末段钻孔轴线是斜直线时，这两段钻孔直线的长度不宜小于 10 m，且两段斜直线应在穿越公路规划红线和河流河道蓝线之外。穿越水平直线段宜在地面以下 3~6 m 区间内。

（4）进行管线轨迹设计时，应符合管线区域内现有的规划要求。

（5）管线（束）两端接入工作坑应满足管线弯曲敷设的要求。

（6）定向钻进管线穿越主要道路、高速公路、河流、铁路、地下构筑物，以及对沉降要求较高的定向钻进管线时，必须进行孔内加固设计。

5.4.3 管壁厚度的确定

采用定向钻进法敷设管线的壁厚应根据埋深、回拉长度及土层条件综合确定，管道最小壁厚应大于直埋计算壁厚。

5.4.4 导向轨迹设计

（1）管线定向钻进轨迹设计应包括下列内容：

①钻孔类型和轨迹形式；

②选择造斜点；

③确定曲线段、曲率半径；

④计算各段钻孔轨迹参数。

（2）定向钻进导向孔轨迹线段宜由斜直线段、曲线段、水平直线段等组成，应根据管线技术要求、施工现场条件、施工机械等进行轨迹设计。

（3）管线导向轨迹设计可按图 5-1 采用作图法或计算法确定。

①作图法。入土角、出土角和曲线段的确定可按图 5-1 进行。

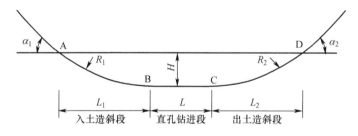

图 5-1 敷设管线时导向孔的轨迹

A—钻进入土点；D—钻进出土点；B—管线水平段起点（穿越障碍起点）；C—管线水平段终点（穿越障碍终点）；α_1—管线入土角，°；α_2—管线出土角，°；H—管线埋深，m；R_1—管线入土时的弯曲半径，m；R_2—管线出土时的弯曲半径，m；L_1—管线入土造斜段投影的长度，m；L_2—管线出土造斜段投影的长度，m；L—管线水平直线段长度（穿越障碍距离），m。

②计算法。入土角、出土角和曲线段的计算可按图 5-1 及式 (5-1)～式 (5-4) 计算。

a. 管线入土角：

$$\alpha_1 = 2\arctan\sqrt{\frac{H}{2R_1 - H}} \tag{5-1}$$

b. 管线出土角：

$$\alpha_2 = 2\arctan\sqrt{\frac{H}{2R_2 - H}} \tag{5-2}$$

c. 管线入土曲线段水平长度：

$$L_1 = \sqrt{H(2R_1 - H)} \tag{5-3}$$

d. 管线出土曲线段水平长度：

$$L_2 = \sqrt{H(2R_2 - H)} \tag{5-4}$$

(4) 入土角应符合下列条件：
①入土角应根据设备机具的性能进行确定；
②入土点距穿越障碍起点的距离应满足造斜要求；
③应能达到敷管深度的要求，并满足管材最小曲率半径的要求；
④地面始钻式的入土角宜为 6°～20°。

(5) 出土角应根据敷设管线类型、材质、管径确定。地面始钻式的出土角取 4°～12°。

(6) 定向钻进敷设的管线最小允许曲率半径应采用的计算。
球墨铸铁管最小允许曲率半径应采用式 (5-5) 计算：

$$R_\mathrm{m} = \frac{\mathrm{Lu}}{\left[2 \cdot \tan\left(\dfrac{\theta}{2}\right)\right] \cdot S} \tag{5-5}$$

式中，R_m 为球墨铸铁管最小曲率半径，m；Lu 为球墨铸铁管有效长度，m；θ 为接口允许偏转角，°；S 为安全系数，$S=2\sim3$。

（7）若敷设管线为集束管，则必须将集束管作为一个整体进行导向孔轨迹设计。

（8）进行导向孔轨迹设计时，应根据地下既有管线或地下构筑物分布情况来调整曲线的形态。

5.4.5 工作坑（井）

（1）工作坑（井）土方开挖方式分为无支护开挖和有支护开挖两类。

①场地开阔，且位移限制要求不严，经验算能保证土坡稳定时，可采用无支护的放坡开挖。采用放坡开挖的基坑工程必须配备必要的应急对策措施。

②放坡开挖受限制时，应采用有支护的土方开挖方式。

（2）支护结构按其工作机理和材料特性，可分为水泥土挡墙体系和板式支护体系两类。

①水泥土挡墙体系，一般不设支撑，适用于开挖深度不超过 7 m 的基坑。超过 7 m 时，可采用水泥土复合结构支护体系。

②板式支护体系由围护墙、支撑或土层锚杆及防渗帷幕等组成，适用于开挖深度超过 4 m 的基坑。当环境对位移限制不严且开挖深度小于或等于 4m 时，可采用悬臂式桩墙支护。

③工作坑（井）支护方法和适用条件通常可按表 5-3 选用。

（3）回拉后应根据管线回拉力大小、材料物性、长度和温度等静置一段时间，待轴向变形伸长量回缩后方可切断管线。当无法判定时，宜静置 24 h 以上再切断管线。

（4）当工作坑占地面积大于 4 m²，深度大于 1.5 m 时，应根据现场条件、工程地质条件和水文地质条件、开挖深度、施工季节和施工作业设备采取相应支护措施，宜采用放坡开挖或基坑侧壁围护等措施。

（5）起始工作坑设置应满足下列要求：

①应满足导向距离的要求；

②应设在被敷设管线的中心线上；

③回收钻进液坑设置在便于回收钻进液的位置上；

④在钻进液调制箱旁设置钻进液储备装置；

⑤钻进液储备装置和回收钻进液坑底及周边应进行围护。

表 5-3　工作坑（井）支护方法和适用条件

工作坑（井）支护方法	适用条件
钢筋混凝土板式支护体系、喷锚	①土质比较软而且地下水又比较丰富 ②渗透系数大于 $1×10^{-4}$ cm/s 的砂性土，覆土比较深的条件
钢板桩	①土质比较好，地下水又少，深度大于 3 m ②渗透系数在 $1×10^{-4}$ cm/s 左右的砂性土
放坡开挖	土质条件较好，地下水较少，深度小于 3 m

注：1. 如果工作坑（井）距建筑物较近时，围护应进行专项设计。
　　2. 采用任何一种支护方法的工作坑（井），其整体刚度、稳定性和支撑强度必须通过验算；施工时应对其位移进行全过程监测。
　　3. 工作坑（井）的降水方法应根据水文地质条件确定。

（6）接收工作坑应满足下列要求：
①应满足回收储存钻进液、回扩、管线回拖等要求；
②应设置在被敷设管线的中心线上；
③位置应满足导向距离的要求；
④应便于钻杆的连接操作。
（7）流入钻进液坑的废浆应及时外运，避免污染环境。
（8）工作井结构形式应由设计单位确定，井的尺寸可按工艺方法不同而定。管线洞口应设置密封止水装置，防止渗漏。

注意：刚性材质管道柔性较好，所以采用定向钻进技术施工时宜优先采用钢介质预制保温管。

5.4.6　设备选型及安装

（1）管线定向钻进钻机类型及性能应按表 5-4 选用。

表 5-4　管线定向钻进钻机类型及性能

分　类	小型	中型	大型
回拉力/kN	<100	100~450	450
扭矩/(kN·m)	<3	3~30	>30
回转速度/(r/min)	>180	100~180	<100
功率/kW	<100	100~180	>180
钻杆长度/m	1.0~3.0	3.0~9.0	9.0~12.0
传动方式	钢绳和链条	链条或齿轮齿条	齿轮齿条
敷管深度/m	<6	6~15	>15

（2）定向钻机安装应符合下列要求：
①钻机应安装在管线中心线延伸的起始位置；

②调整机架方位应符合设计的钻孔轴线；

③按钻机倾角指示装置调整机架，应符合轨迹设计规定的入土角，施工前应用导向仪复查或采用测量计算的方法复核；

④钻机应安装牢固、平稳。经检验合格后方能试运转，并应根据穿越管线直径的大小、长度和钻具的承载能力调整回拉力。

（3）导向仪的配置应根据机型、穿越障碍物类型、探测深度和现场测量条件及定向钻机类型选用。施工前应进行校准，合格后方可使用。

（4）定向钻进导向钻头类型可参照表5-5选用。

表5-5 定向钻进导向钻头类型选择

土层类别	钻头类型
淤泥质黏土	较大掌面的铲形钻头
软黏土	中等掌面的铲形钻头
砂性土	小锥形掌面的铲形钻头
砂、砾石层	镶焊硬质合金、中等尺寸弯接头钻头

（5）钻杆的使用应符合下列规定：

①钻杆的规格、型号应符合扩孔扭矩和回拉力的要求；

②钻杆的曲率半径不应小于钻杆外径的1200倍；

③钻杆的螺纹应洁净，旋扣前应涂上丝扣油；

④弯曲和有损伤的钻杆不得使用；

⑤钻杆内不得混进土体和杂物，以免堵塞钻杆和钻具的喷嘴。

第 6 章 外部作用荷载及径向变形控制

球墨铸铁预制保温直埋敷设管道受到的作用力与传统钢介质管道预制保温直埋管道受到的作用力相同，同样受到土壤静荷载和机动车动荷载的作用，流体内压力的作用，轴向热膨胀力的作用。需要特别指出的是，由于管段之间是承插连接，插口可以在承口的橡胶密封圈内自由伸缩，所以轴向热应力可以忽略不计。

6.1 刚性管系和柔性管系的轴向外力比较

传统钢质预制保温直埋管道轴向承受热膨胀力的作用，特别是无补偿直埋管道，在过渡段有较大的热伸长，在锚固段有较大的轴向热应力。所以工程设计包括以下几项内容：①计算过渡段的热伸长，其目的是校核弯管补偿器及管道三通等局部构件的疲劳寿命；②计算无补偿直埋管道轴向整体稳定性，防止拱出地面；③进行无补偿直埋管道局部稳定性计算，防止管道轴向局部屈曲；④施工过程严格控制锚固段折角产生、设计过程严格限制锚固段折角的大小等。

球墨铸铁预制保温管直埋敷设，承插连接的方式在每个接口预留的间隙大于每节管受热产生的伸长量，因而轴向热膨胀力作用下每节管轴向伸缩自如，热膨胀力得到释放而使热应力近乎为零。因为不存在轴向热膨胀力作用的整体失稳，局部屈曲，以及弯头较大的弯曲变形，因此工程设计不需要计算轴向热应力作用下的各种强度破坏、疲劳破坏。而竖向荷载采用 Spangler 模型计算，对于大口径、直埋管道周围不填砂的工程更为准确。但是必须指出，球墨铸铁预制保温管直埋敷设管道每 6~8 m 存在一个橡胶密封圈，相当于每 6~8 m 有一个补偿器，这个"补偿器"稳定的产品质量、稳定的施工质量决定着球墨铸铁管用作热力管道、预制保温直埋敷设时能否稳定。

6.2 直埋管道的垂直荷载

6.2.1 静土压力

作用于球墨铸铁预制保温直埋管道管顶单位面积上的土压力 q_1 应按式（6-1）计算：

$$q_1 = 0.001 \rho \cdot g \cdot H \tag{6-1}$$

式中，q_1 为单位面积上的土压力，MPa；ρ 为土体密度，kg/m^3；g 为重力加速度，m/s^2；H 为管顶覆土厚度，m。土体密度 ρ 宜按实际测量取值，根据 GB/T 43492

《预制保温球墨铸铁管、管件和附件》,对于无实际测量值的情况,可取 1800 kg/m³。

6.2.2 交通荷载

(1) 根据 ISO 10803《球墨铸铁管设计方法》规定:当管顶覆土厚度不小于 0.3 m 时,作用于球墨铸铁预制保温直埋管道管顶单位面积上的交通荷载压力 q_2 应按式 (6-2) 计算:

$$q_2 = 0.04\beta \cdot (1 - 2 \times 10^{-4}\mathrm{DN})/H \tag{6-2}$$

式中,q_2 为球墨铸铁预制保温直埋管道管顶单位面积上的交通荷载压力,MPa;β 为交通荷载系数,见式 (6-3);DN 为 GB/T 13295 和 GB/T 26081 规定的管的公称直径,mm。

对于在车辆行驶的道路下铺设或者临近道路铺设时,球墨铸铁预制保温直埋管道管顶单位面积的交通荷载压力计算值比 CJJ/T 81《城镇供热直埋热水管道技术规程》的计算值大,主要是因为考虑的车辆单轴荷载大。

(2) 交通荷载系数 β 应符合下列规定。

①对于在车辆行驶的道路下铺设或者临近道路铺设时,β 应按式 (6-3) 计算,并且不应低于 1.5。

$$\beta = P/100 \tag{6-3}$$

式中,P 为车辆单轴荷载,kN。

②对于铺设在禁止车辆行驶的道路下,β 取 0.75;

③除①和②外的其他情况,β 取 0.5。

(3) 对于埋设在铁路、机场跑道下方或承受施工荷载的管道,应符合设计要求和国家相关标准的规定。

(4) 当地面堆积物荷载大于交通荷载时,管顶单位面积上的交通荷载压力 q_2 应按地面堆积物荷载取值,并不应小于 10 kN/m²。

6.2.3 管顶总竖向压力

球墨铸铁预制保温直埋管道管顶外部荷载包括土壤荷载和车辆动荷载。总垂直荷载造成的管顶单位面积上竖向压力 q 应按式 (6-4) 计算:

$$q = q_1 + q_2 \tag{6-4}$$

式中,q_1 为单位面积上的土体荷载压力,MPa;q_2 为单位面积上的交通荷载压力,MPa。

6.3 管土作用特征参数

根据规范 ISO 10803《球墨铸铁管设计方法》,球墨铸铁管的管土作用是基于 Spangler 模型假设的,如图 6-1 所示。其中,管顶垂直压力 q 沿直径范围呈均匀分布,如图 6-1 中的"1"所示,竖向压力 q 按式 (6-4) 计算。而管道底部的垂直反作用压力沿基础中心角 2α 范围均匀分布,如图 6-1 中的"3"所示,垂直反作用压力的大小等于$q/\sin\alpha$。在管道顶部压力和底部反作用压力的共同作用下，管道两侧产生变形，如图6-1中的"2"所示，从而形成在100°角度范围内呈抛物线分布的横向反作用压力。横向反作用压力的大小等于$0.01\Delta \cdot E'$，其中，Δ为管的径向变形率，等于管的最大径向变形量与外径DE的比值；E'为管侧回填区土壤的反作用模量。

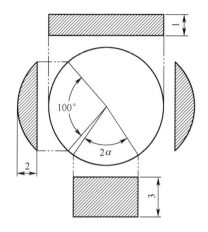

图6-1 Spangler模型示意

6.3.1 基础中心角

基础中心角2α取决于施工情况（铺设垫层、管侧回填区的压实度）和管的径向变形（尤其是大口径管道）。日本JSWAS K-2-1974对于塑料管周边填砂高度和基础中心角、底部土壤反作用压力大小进行试验发现，当底部填砂高度达到管道中心线高度时，底部土壤反作用力趋近于$q/\sin 90°$。由此可见，砂叠层和周围回填砂及其高度可以改变管侧回填区的压实度，进而增加基础中心角度，减小管底反作用压力，对于防止球墨铸铁预制保温管保温层破坏具有积极作用。

表6-1给出了5种典型的沟槽类型及其对应的回填压实度和基础中心角2α，2α最小为30°、最大为150°。底层垂直反作用压力依次为$q/\sin 15° = 3.864q$，$q/\sin 75° = 1.035q$。由此可见，敷设在最小基础中心角（30°）基础上的直埋管道底部承受了最大的土壤反作用压力，是敷设在最大基础中心角（150°）基础上的3.73倍，这对于保温层的寿命极其不利。因此对于传统钢制预制保温管要求管道周围填砂，这也是原因之一。对于球墨铸铁预制保温管建议填砂高度达到管道中心线高度，这样仅仅采用水撼砂就可以保证预制保温管下半部分密式回填，以增加基础中心角，减小基础反作用压力，防止保温层破坏。

6.3.2 土壤反作用模量

管侧回填区土的反作用模量E'值取决于土壤类型和沟槽类型。GB/T 50145《土的工程分类标准》给出了A～F 6种类型的回填土，如表6-2所示；ISO 10803《球墨铸铁管设计方法》给出了5种典型的沟槽类型和6种土壤类型的E'值。E'的取值范围如表6-1所示，且应符合以下要求：

（1）当在设计阶段缺乏可适用的标准或其他数据时，可选用表6-1中的E'值。

（2）表6-1中的E'值适用于埋设在沟槽中或路堤下的管道。

（3）应进行初步的岩土工程勘测，以便确定土壤分类和选择合适的E'值。

（4）当铺设管道时，沟槽采取支撑结构进行支护时，如果回填完成后支撑结构保留在原地，或者支撑结构移除时能确保管侧回填区的土壤始终压实在管沟壁的原状土上，那么可选用表6-1中的数值；否则应选择较小的 E' 值。

（5）如果沟槽底部地面的情况很差，为了周围回填土的稳定，可能有必要进行地基处理，以避免土壤反作用模量 E' 的降低。

表6-1 土壤反作用模量 E' 　　　　　单位：MPa

沟槽类型	1	2	3	4	5
回填方式	堆填	很轻压实	轻度压实	中度压实	高度压实
压实度/%	a	大于75	大于80	大于85	大于90
基础中心角	30	45	60	90	150
K_x	0.108	0.105	0.102	0.096	0.085
A类土壤 E'	4	4	5	7	10
B类土壤 E'	2.5	2.5	3.5	5	7
C类土壤 E'	1	1.5	2	3	5
D类土壤 E'	0.5	1	1.5	2.5	3.5
E类土壤 E'	b	b	b	b	b
F类土壤 E'	b	b	b	b	b

注：a. 当把土壤简单地倾倒入管沟内时，根据不同的土壤类型及其含水率，压实度一般能达到70%~80%。

b. 除非能确保 E' 可以达到更高值，否则应取0。

表6-2 土的类型

土的类型	土的工程分类
A类土 砾石	级配良好砾 GW
B类土 砂土或粗粒土（细粒土含量小于15%）	级配不良砾 GP、含细粒土砾 GF、级配良好砂 SW、级配不良砂 SP、含细粒土砂 SF
C类土 粗粒土（细粒土含量大于15%）	黏土质砂 SC、粉土质砂 SM、黏土质砾 GC、粉土质砾 GM
D类土 液限小于50%，中低塑性的细粒土 （粗颗粒含量大于25%）	含砂低液限粉土 MLG、含砂低液限黏土 CLG、含砾低液限粉土 MLS、含砾低液限黏土 CLS
E类土 液限小于50%，中低塑性的细粒土 （粗颗粒含量小于25%）	低液限粉土 ML、低液限黏土 CL
F类土 有机质土和液限大于50%、中高塑性的细粒土	有机质高液限黏土 CHO、有机质低液限黏土 CLO、有机质高液限粉土 MHO、有机质低液限粉土 MLO、高液限黏土 CH、高液限粉土 MH、含砂高液限黏土 CHS、含砂高液限粉土 MHS、含砾高液限黏土 CHG、有机质高液限粉土 MHG

分析表 6-1 和表 6-2 可知，球墨铸铁预制保温管道直埋敷设在 A 类土壤中时，砾石作用于预制保温管外护管上，很难避免砾石尖角形成的应力集中，极易造成聚乙烯外壳破裂，所以管道不宜直接敷设在 A 类土壤中；在 E 类、F 类土壤环境中，无论是堆填还是高度压实回填，土壤反作用模量为零，无法给预制保温管提供有效支撑，这对于直埋管道的稳定性极其不利；B 类、C 类、D 类土壤没有致命的弱点，可以回填也可以直接贴附管道周围，但是考虑到球墨铸铁预制保温管不同于球墨铸铁管本身，为了得最大的基础中心角，建议预制保温管中心线以下应填砂且高度压实，中线以上没有特殊要求时素土或符合要求的原土分层回填、分层夯实，执行 CJJ 28。

需要注意的是，由于球墨铸铁管道在建筑行业主要应用于给排水的专业历史渊源，因此外载荷计算的是管顶作用压力、管底作用压力。对于球墨铸铁预制保温直埋管道就是保温层外保护管管顶的作用压力和管底的作用压力。前已述及，这两个压力的差别比较大，与回填土及回填方式有关，最大相差近 4 倍。作用压力差别这样大，对于球墨铸铁管材不是问题，但是对于保温层的破坏力就不能不重视了，所以要设法缩小预制保温管管顶和管底的作用压力，所以无论是 B 类、C 类还是 D 类土，建议还是管中线以下填砂，而且水撼砂就可以达到密实。而钢质预制保温管技术和预制保温管直埋技术从北欧引进①，荷载压力计算时，计算的是管中心线埋深处的单位压力。究其原因：首先是钢质预制保温管直埋敷设强制管道周围填砂，北欧和我国当时预制保温管的管径又相对较小，所以管顶和管底单位面积上的作用压力差别不大，但是对于越来越大的钢质预制保温管，如 DN1600 还不得而知；其次，钢质预制保温管和周围土壤的摩擦系数的测定方法，如果按照 Spangler 模型，不仅管土摩擦系数的测定难以进行而且供热管道工程设计在计算直埋保温管摩擦力、过渡段长度、过渡段热伸长时，按照 Spangler 模型也必将非常繁杂。因而，传统直埋技术只计算管中单位面积上的作用力，以及由此埋深和此摩擦系数反算摩擦力，这样处理大大简化了工程设计。再次，传统预制保温管管径越来越大，尽管要求管道周围填砂，但是由于种种原因整体填砂质量不尽如人意，但是无论是 Spangler 模型还是简化模型，管顶的单位作用压力是一样的，所以球墨铸铁预制直埋保温管道推荐采用按照 Spangler 模型进行计算。最后，球墨铸铁预制保温管是柔性连接，与摩擦系数相关的热力计算意义不大，如一节管过渡段长度的计算、一节管双向热伸长量的计算、一节管轴向热应力的计算等，都没有实际意义。这也是球墨铸铁预制直埋供热管道按照 Spangler 模型计算压力的关键因素，Spangler 模型使得管底作用于保温层的压力较准确。

---

① 贺平. 预制保温管直埋敷设的设计原理 [J]. 区域供热, 1987 (1): 1-7.

6.4 球墨铸铁管径向变形的控制

$$\Delta X = \frac{J \cdot K_x \cdot q \cdot r^3}{E \cdot I + 0.061 E' \cdot r^3} \quad (6\text{-}5)$$

$$I = \frac{e^3}{12}$$

$$\Delta X \leq 0.03 \text{DE} \quad (6\text{-}6)$$

式中，ΔX 为工作管径向最大变形量，m；J 为球墨铸铁管变形滞后系数，取 1.0~1.5；K_x 为基座系数，见表 6-1；q 为管顶单位长度上的总垂直荷载，MPa，包括管顶垂直土荷载和地面车辆传递到球墨铸铁管上的荷载；E 为球墨铸铁的弹性模量，MPa，取 1.7×10^5 MPa；E' 为土壤反作用模量，MPa，见表 6-1；I 为球墨铸铁工作管单位长度横截面的惯性矩，m^4/m；e 为工作管平均壁厚，等于最小壁厚 $e_{\min}$ 和公称壁厚 e_{nom} 的平均值，mm；r 为工作管平均半径，m。

【例 6-1】已知直埋保温管工作管管径为 DN1000，设计压力为 2.5 MPa，设计供回水温度为 120 ℃/60 ℃，管顶覆土深度为 2.0 m，确定并校核工作管的公称壁厚 e_{nom} 和最小壁厚 $e_{\min}$。

解：(1) 压力分级管。

最小壁厚 $e_{\min}$ 不应小于 3.0 mm，应按式 (4-12) 计算：

$$e_{\min} = \frac{\text{PFA} \cdot \text{SF} \cdot \text{DE}}{2R_m + \text{PFA} \cdot \text{SF}} = \frac{2.5 \times 3 \times 1048}{2 \times 420 + 2.5 \times 3} = 9.27 \text{ mm}$$

压力分级管的公称壁厚 e_{nom} 应按式 (4-13) 计算得出：

$e_{\text{nom}} = e_{\min} + (1.3 + 0.001\text{DN}) = 9.27 + (1.3 + 0.001 \times 1000) = 11.57$ mm

根据压力分级管计算公称壁厚和最小壁厚，DN1000 选用 C25 级球墨铸铁管，公称壁厚 11.6 mm，最小壁厚 9.27 mm。

(2) 管道径向变形的控制。

球墨铸铁管的管壁除应满足强度要求外，还要满足回填土荷载、交通荷载等外部荷载的作用，下面验算管道径向变形量是否满足要求。

水泥内衬的最大变形率 $\Delta_{\max}$ 不应大于 3%，故最大允许变形率应控制在 3% 以内。

中砂或砂土回填，压实系数大于 85%，根据表 6-1、表 6-2，$K_x = 0.096$，$E' = 5$ MPa。

$$q = q_1 + q_2 = 0.0360 + 0.0240 = 0.060 \text{ MPa}$$

$$e = \frac{e_{\text{nom}} + e_{\min}}{2}$$

$$= \frac{11.57 + 9.27}{2}$$

$$= 10.42 \text{ mm}$$

$$I = \frac{e^3}{12} = 9.51 \times 10^{-8} \text{ m}^3$$

$$\Delta X = \frac{J \cdot K_x \cdot q \cdot r^3}{E \cdot I_p + 0.061 E' \cdot r^3} = 0.0205 \text{ m}$$

管道变形率：根据表3-6，DN1000球墨铸铁管的外径为DE=1048 mm，则变形率为

$$\Delta = \frac{\Delta X}{DE} = \frac{0.0205}{1.048} = 1.96\% < 3\%$$

管道径向变形量都满足3%以内的要求。

【例6-2】 已知直埋保温管工作管管径为DN1200，设计压力2.5 MPa，设计供回水温度为120℃/60℃，选用C25级球墨铸铁管，公称壁厚为13.6 mm，最小壁厚为11.1 mm，管道敷设于车行道下，试算管道允许覆土深度。

解：管径向变形的控制

对于水泥内衬的最大变形率Δ_{max}不应大于3%，故最大允许变形率控制在3%以内。

中砂或砂土回填，压实系数大于85%，根据表6-1、表6-2，$K_x = 0.096$，$E' = 5$ MPa。

$$I = \frac{e^3}{12} = 1.57 \times 10^{-7} \text{ m}^3$$

$$\Delta X = \frac{J \cdot K_x \cdot q \cdot r^3}{E \cdot I_p + 0.061 E' \cdot r^3} \leq 0.03 DE$$

可得　　　　　$q = 0.10893$，MPa = 108.93 kPa

由式（6-1）~式（6-4）可试算得管顶覆土深度为

$$H = 0.45 \text{ m}$$

故管道允许覆土深度不低于0.45 m。

6.5 直埋管道允许埋深和竖向稳定性要求壁厚

（1）球墨铸铁预制保温管的介质管在材料力学性能、壁厚和回填方式、回填土等确定的条件下，最大允许覆土深度通过联立式（6-4）~式（6-6）计算得出。

（2）球墨铸铁预制保温管的介质管在材料力学性能和回填方式、回填土、覆土深度等确定的条件下，竖向稳定性要求的最小壁厚通过联立式（6-4）~式（6-6）计算得出。

第7章 固定墩及自锚管系设计

管线在运行过程中，流体在内压的作用下会在管道局部位置产生不平衡的静态或动态内压推力。除非该区域的管道接口都是自锚接口以抵抗轴向位移，否则接口会分离。推力发生在管道直径或管线方向改变的地方，如水平弯管、竖直弯管、三通、Y字管、渐缩管、乙字管、支管和阀门。

在这些位置，一般通过设置支墩或安装自锚接口管道来抵消推力。采用这种方式，推力就会传递到支墩或周围的土壤中。

7.1 固定墩布置节点

球墨铸铁预制直埋保温管道系统的固定墩主要承受内压推力，所以不特别指出时均指主固定墩。预制保温球墨铸铁管道固定墩主要布置在弯管、三通、阀门、变径管、盲端等节点处，如图7-1所示。

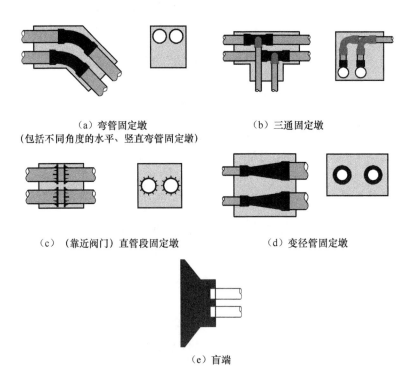

(a) 弯管固定墩
(包括不同角度的水平、竖直弯管固定墩)

(b) 三通固定墩

(c) (靠近阀门) 直管段固定墩

(d) 变径管固定墩

(e) 盲端

图7-1 五类固定墩示意

7.2 几种常见固定墩推力计算

固定墩推力计算对于柔性连接的球墨铸铁管预制保温直埋管系尤为重要，因为土壤摩擦力的作用管段长度仅为一节管段长度，对于消减内压推力作用有限。因而计算主固定墩推力时，为了简化计算，土壤摩擦力作为安全余量不再计入。当固定墩推力较大且体积较大难以敷设时，可以采用桩基，或在管道沿途采用串联固定墩，做法可参见《城市综合管廊内供热热水管道无补偿敷设技术研究》，或局部改为刚性管系，以利用长直管线的土壤摩擦力。

1) 球墨铸铁管道内压推力

球墨铸铁管道内压引起的轴向推力计算如下：

$$T = \frac{\pi P_c \cdot DE^2}{4 \times 10^3} = \frac{0.785 P_c \cdot DE^2}{10^3} \tag{7-1}$$

式中，T 为内压引起的轴向推力，kN；DE 为承插接口中的插口外径，mm；P_c 为管道计算压力，MPa。当固定墩承受强度试验压力时，计算压力为设计压力的 1.5 倍；当固定墩承受严密性水试验压力时，计算压力为设计压力的 1.25 倍；当固定墩仅承受运行压力时，计算压力时为设计压力。只有在水压试验临时加固的条件下，固定墩才能只承受设计压力。

式 (7-1) 是单根管承受的内压推力。一般固定墩同时负担供回水管的内压推力，所以等于供回水管内压推力的合力。

2) 几种固定墩合成推力 T'

布置在两端均为承插连接的几种典型固定墩合成推力计算式、合成推力方向如表 7-1 所示。需要说明的是，受给排水专业历史渊源的影响，球墨铸铁管弯管角度和钢质热力管道（材质为 Q235B、Q355B、20 号钢等）弯管角度所指不是一个角，二者互为补角。承插弯管角度指圆心角度，该角度等于钢质折角弯管的折角角度。钢质弯管角度是指转角角度，参见 CJJ/T 81。钢质弯管角度是弯管前后管中心轴线的角度，钢质弯管角度（转角角度）和承插弯管角度（圆心角度）之和等于 180°，如 45°的承插弯管对应 135°的钢质弯管。

表 7-1 几种典型布置的固定墩合成推力计算式

序号	合成推力方向	合成推力计算式
1	水平弯管	$T' = 2T \cdot \sin\left(\dfrac{\alpha}{2}\right)$

续表

序号	合成推力方向	合成推力计算式
2	水平三通、向上竖向三通	球墨铸铁支管外径对应的内压推力： $T' = T$
3	向上弯竖向弯管（曲率中心在上）	垂直向下分力： $T'_x = T \cdot \sin\alpha$ 水平分力： $T'_p = T \cdot (1 - \cos\alpha)$
4	向下弯竖向弯管（曲率中心在下）	垂直向上分力： $T'_s = T \cdot \sin\alpha$ 水平分力： $T'_p = T \cdot (1 - \cos\alpha)$
5		$T' = \dfrac{0.785 P_c \cdot (DE_2^2 - DE_1^2)}{10^3}$

注：1. T' 是单根管的内压推力。
　　2. T 的计算应注意内压数值的选择。

3) 单管推力计算值

(1) 按照表 7-1 所示的计算公式,单根管盲端及水平弯管固定墩合成推力 T' 计算结果如表 7-2 所示。

表 7-2　盲端及各种水平弯管 1.0 MPa 压力下的固定墩合成推力 T'　单位:kN

序号	公称直径/mm	盲端	90°弯管	45°弯管	22.5°弯管	11.25°弯管
1	DN100	10.9	15.5	8.4	4.3	2.1
2	DN125	16.3	23.0	12.5	6.4	3.2
3	DN150	22.7	32.1	17.4	8.9	4.4
4	DN200	38.7	54.7	29.6	15.1	7.6
5	DN250	59.0	83.4	45.1	23.0	11.6
6	DN300	83.5	118.0	63.9	32.6	16.4
7	DN350	112.2	158.7	85.9	43.8	22.0
8	DN400	144.5	204.4	110.6	56.4	28.3
9	DN450	181.0	255.9	138.5	70.6	35.5
10	DN500	222.3	314.4	170.1	86.7	43.6
11	DN600	316.7	447.9	242.4	123.6	62.1
12	DN700	427.8	604.9	327.4	166.9	83.9
13	DN800	556.8	787.5	426.2	217.3	109.2
14	DN900	701.4	991.9	536.8	273.7	137.5
15	DN1000	862.6	1219.9	660.2	336.6	169.1
16	DN1100	1042.3	1474.0	797.7	406.7	204.3
17	DN1200	1237.0	1749.4	946.8	482.7	242.5
18	DN1400	1678.7	2374.1	1284.9	655.0	329.1
19	DN1500	1923.6	2720.4	1472.3	750.6	377.1
20	DN1600	2185.2	3090.3	1672.4	852.6	428.4

注:1. 其他计算压力下单根管的推力值等于计算压力乘以表中对应的推力值。例如,公称直径为 DN500 的管道,弯管为 45°,计算压力为 1.6 MPa,那么固定墩推力为 170.1×1.6≈272.2 kN。
　　2. 承插接口取插口外径进行推力计算。

(2) 按照表 7-1 所示的计算公式,单根管竖向上弯管固定墩合成推力 T' 计算结果如表 7-3 所示。

表 7-3 不同角度竖直向上弯管压力 1.0 MPa 下固定墩合成推力 T' 单位：kN

序号	公称直径/mm	竖直向上弯管							
		90°		45°		22.5°		11.25°	
		垂直向下分力 T'_x	水平分力 T'_p	垂直向下分力 T'_x	水平分力 T'_p	垂直向下分力 T'_x	水平分力 T'_p	垂直向下分力 T'_x	水平分力 T'_p
1	DN100	10.9	10.9	7.7	3.2	4.2	0.8	2.1	0.2
2	DN125	16.3	16.3	11.5	4.8	6.2	1.2	3.2	0.3
3	DN150	22.7	22.7	16.0	6.6	8.7	1.7	4.4	0.4
4	DN200	38.7	38.7	27.4	11.3	14.8	2.9	7.6	0.7
5	DN250	59.0	59.0	41.7	17.3	22.6	4.5	11.5	1.1
6	DN300	83.5	83.5	59.0	24.4	31.9	6.4	16.3	1.6
7	DN350	112.2	112.2	79.4	32.9	42.9	8.5	21.9	2.2
8	DN400	144.5	144.5	102.2	42.3	55.3	11.0	28.2	2.8
9	DN450	181.0	181.0	128.0	53.0	69.2	13.8	35.3	3.5
10	DN500	222.3	222.3	157.2	65.1	85.1	16.9	43.4	4.3
11	DN600	316.7	316.7	223.9	92.8	121.2	24.1	61.8	6.1
12	DN700	427.8	427.8	302.5	125.3	163.7	32.6	83.5	8.2
13	DN800	556.8	556.8	393.7	163.1	213.1	42.4	108.6	10.7
14	DN900	701.4	701.4	496.0	205.4	268.4	53.3	136.8	13.5
15	DN1000	862.6	862.6	610.0	252.7	330.1	65.7	168.3	16.6
16	DN1100	1042.3	1042.3	737.0	305.3	398.9	79.3	203.3	20.0
17	DN1200	1237.0	1237.0	874.7	362.2	473.4	94.2	241.3	23.8
18	DN1400	1678.7	1678.7	1187.1	491.6	642.4	127.8	327.5	32.3
19	DN1500	1923.6	1923.6	1360.2	563.4	736.3	146.4	375.3	37.0
20	DN1600	2185.2	2185.2	1545.1	640.0	836.2	166.3	426.3	42.0

注：1. 其他计算压力下的推力值等于计算压力乘以表中对应的推力值。例如，公称直径为 DN500 的管道，弯管为 45°，计算压力为 1.6 MPa，那么固定墩垂直向下分力为 $T_x = 157.2 \times 1.6 \approx 251.5$ kN；水平分力为 $T_p = 65.1 \times 1.6 \approx 104.2$ kN。

2. 承插接口取插口外径进行推力计算。

（3）按照表 7-1 所示的计算公式，单根管竖直向下弯管固定墩合成推力 T' 计算结果如表 7-4 所示。

表 7-4　不同角度的竖直向下弯管压力 1.0 MPa 下固定墩合成推力 T'　　单位：kN

序号	公称直径/mm	竖直向下弯管 90° 垂直向上分力 T'_x	90° 水平分力 T'_p	45° 垂直向上分力 T'_x	45° 水平分力 T'_p	22.5° 垂直向上分力 T'_x	22.5° 水平分力 T'_p	11.25° 垂直向上分力 T'_x	11.25° 水平分力 T'_p
1	DN100	10.9	10.9	7.7	3.2	4.2	0.8	2.1	0.2
2	DN125	16.3	16.3	11.5	4.8	6.2	1.2	3.2	0.3
3	DN150	22.7	22.7	16.0	6.6	8.7	1.7	4.4	0.4
4	DN200	38.7	38.7	27.4	11.3	14.8	2.9	7.6	0.7
5	DN250	59.0	59.0	41.7	17.3	22.6	4.5	11.5	1.1
6	DN300	83.5	83.5	59.0	24.4	31.9	6.4	16.3	1.6
7	DN350	112.2	112.2	79.4	32.9	42.9	8.5	21.9	2.2
8	DN400	144.5	144.5	102.2	42.3	55.3	11.0	28.2	2.8
9	DN450	181.0	181.0	128.0	53.0	69.2	13.8	35.3	3.5
10	DN500	222.3	222.3	157.2	65.1	85.1	16.9	43.4	4.3
11	DN600	316.7	316.7	223.9	92.8	121.2	24.1	61.8	6.1
12	DN700	427.8	427.8	302.5	125.3	163.7	32.6	83.5	8.2
13	DN800	556.8	556.8	393.7	163.1	213.1	42.4	108.6	10.7
14	DN900	701.4	701.4	496.0	205.4	268.4	53.4	136.8	13.5
15	DN1000	862.6	862.6	610.0	252.7	330.1	65.7	168.3	16.6
16	DN1100	1042.3	1042.3	737.0	305.3	398.9	79.3	203.3	20.0
17	DN1200	1237.0	1237.0	874.7	362.1	473.4	94.2	241.3	23.8
18	DN1400	1678.7	1678.7	1187.1	491.7	642.4	127.8	327.5	32.3
19	DN1500	1923.6	1923.6	1360.2	563.4	736.1	146.4	375.3	37.0
20	DN1600	2185.2	2185.2	1545.1	640.0	836.2	166.3	426.3	42.0

注：1. 其他计算压力下的推力值等于计算压力乘以表中对应的推力值。例如，公称直径为 DN500 的管道，弯管为 45°，计算压力为 1.6 MPa，那么固定墩垂直向下分力为 $T_x = 157.2 \times 1.6 \approx 251.5$ kN；水平分力为 $T_p = 65.1 \times 1.6 \approx 104.2$ kN。
2. 承插接口取插口外径进行推力计算。

(4) 按照表 7-1 所示的计算公式,单根管三通固定墩合成推力 T' 计算结果如表 7-5 所示。

表 7-5 三通在压力 1.0 MPa 下固定墩合成推力 T'

支管管径/mm	DN100	DN125	DN150	DN200	DN250
推力 T'/kN	10.9	16.3	22.7	38.7	59.0
支管管径 DN	DN300	DN350	DN400	DN450	DN500
推力 T'/kN	83.5	112.2	144.5	181.0	222.3
支管管径/mm	DN600	DN700	DN800	DN900	DN1000
推力 T'/kN	316.7	427.8	556.8	701.4	862.6
支管管径/mm	DN1100	DN1200	DN1400	DN1500	DN1600
推力 T'/kN	1042.3	1237.0	1678.7	1923.6	2185.2

注:1. 其他计算压力下的推力值等于计算压力乘以表中对应的推力值。例如,公称直径为 DN500/DN200 的三通,计算压力为 1.6 MPa,那么固定墩推力为 38.7×1.6≈61.9 kN。
2. 承插接口取插口外径进行推力计算。

(5) 按照表 7-1 所示的计算公式,单根管变径管固定墩合成推力 T' 计算结果如表 7-6 所示。

表 7-6 异径管在压力 1.0 MPa 下固定墩合成推力 T'

序号	一级变径		二级变径	
	公称直径/mm	推力/kN	公称直径/mm	推力/kN
1	DN125/DN100	5.4	—	—
2	DN150/DN125	6.4	DN150/DN100	11.8
3	DN200/DN150	16.0	DN200/DN125	22.4
4	DN250/DN200	20.3	DN250/DN150	36.3
5	DN300/DN250	24.5	DN300/DN200	44.8
6	DN350/DN300	28.8	DN350/DN250	53.3
7	DN400/DN350	32.3	DN400/DN300	61.1
8	DN450/DN400	36.4	DN450/DN350	68.7
9	DN500/DN450	41.3	DN500/DN400	77.7
10	DN600/DN500	94.4	DN600/DN450	135.7
11	DN700/DN600	111.1	DN700/DN500	205.5
12	DN800/DN700	129.1	DN800/DN600	240.1
13	DN900/DN800	144.6	DN900/DN700	273.6

续表

序号	一级变径		二级变径	
	公称直径/mm	推力/kN	公称直径/mm	推力/kN
14	DN1000/DN900	161.2	DN1000/DN800	305.8
15	DN1100/DN1000	179.7	DN1100/DN900	340.9
16	DN1200/DN1100	194.7	DN1200/DN1000	374.4
17	DN1400/DN1200	441.7	DN1400/DN1100	636.4
18	DN1500/DN1400	244.9	DN1500/DN1200	686.6
19	DN1600/DN1500	261.5	DN1600/DN1400	506.4

注：1. 其他计算压力下的推力值等于计算压力乘以表中对应的推力值。例如，公称直径为DN500/DN400的异径管，计算压力为1.6 MPa，那么固定墩推力为77.7×1.6≈124.3 kN。
2. 承插接口取插口外径进行推力计算。

7.3 固定墩稳定性验算

供热管道的推力通过固定墩传递给包裹固定墩的回填土壤，管道的推力越大，土壤反作用于固定墩的推力就越大。土壤作用于固定墩的力包括垂直于管道平面上的被动土压力、主动土压力及固定墩的顶面、底面、侧面和土壤的摩擦力。由此可见，固定墩推力越大，其体积就越大。

7.3.1 固定墩与土壤的作用力

土壤作用于固定墩的力包括下列3项，见式（7-2）~式（7-6）。
（1）固定墩迎面土壤的主动土压力如下：

$$E_a = \rho \cdot g \cdot b \cdot \frac{Z_2^2 - Z_1^2}{2} \cdot \tan^2\left(45° - \frac{\varphi}{2}\right) \quad (7-2)$$

（2）固定墩背面土壤的被动土压力如下：

$$E_p = \rho \cdot g \cdot b \cdot \frac{Z_2^2 - Z_1^2}{2} \cdot \tan^2\left(45° + \frac{\varphi}{2}\right) \quad (7-3)$$

（3）固定墩滑动平面的摩擦力如下：

$$F_{f_1} = \mu_b \cdot (G_b + W_b) \quad (7-4)$$

$$F_{f_2} = \mu_b \cdot (G_b + W_b + T'_x) \quad (7-5)$$

$$F_{f_3} = \mu_b \cdot (G_b + W_b - T'_s) \quad (7-6)$$

式中，E_a为固定墩迎面土壤的主动土压力，N；E_p为固定墩背面土壤的被动土压力，N；ρ为土密度，kg/m³；g为重力加速度，m/s²；b为固定墩宽度，m；Z_1为固定墩顶面至地面的距离，m；Z_2为固定墩底面至地面的距离，m；φ为回填土内摩擦角，°，砂土取30°；F_{f_1}为水平弯管固定墩滑动平面上的摩擦力，N；

F_{f_2} 为垂直向上弯管固定墩滑动平面上的摩擦力，N；F_{f_3} 为垂直向下弯管固定墩滑动平面上的摩擦力，N；μ_b 为回填土与固定墩之间的摩擦系数；G_b 为固定墩自重，N；W_b 为固定墩顶部覆土重力，N；T'_s 为管道对固定墩垂直向上分力，N；T'_x 为管道对固定墩垂直向下的分力，N。固定墩受力简图如图7-2所示。

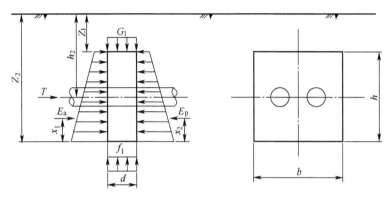

图 7-2 固定墩受力简图

7.3.2 固定墩与回填土的摩擦系数

固定墩与回填土的摩擦系数如表7-7所示。

表 7-7 固定墩与回填土的摩擦系数

土壤类别		摩擦系数（μ_b）
黏性土	可塑性	0.25~0.30
	硬性	0.30~0.35
	坚硬性	0.35~0.45
粉土	土壤饱和度<0.5	0.30~0.40
中砂、粗砂、砾砂	—	0.40~0.50
碎石土	—	0.6

7.3.3 固定墩稳定性验算

柔性连接的球墨铸铁热力管道对固定墩推力较大，基于柔性连接应执行10S505《柔性接口给水管道支墩》中对固定墩抗推力的验算方法；刚性连接的热力管道直埋敷设应执行 CJJ/T 81《城镇供热直埋热水管道技术规程》关于固定墩稳定性验算的规定。对比两种热力管道的受力分析可知，球墨铸铁热力管道形式宜执行10S505，更趋向于安全。

1) 固定墩抗推力稳定性验算

(1) 水平弯管固定墩抗推力稳定性验算条件如下：

第7章 固定墩及自锚管系设计

$$E_p - E_a + F_{f_1} \geq K_s \cdot T' \qquad (7-7)$$

(2) 垂直向上弯管水平向固定墩抗推力稳定验算条件如下：

$$E_p - E_a + F_{f_2} \geq K_s \cdot T'_p \qquad (7-8)$$

(3) 垂直向下弯管固定墩水平向抗推力稳定验算条件如下：

$$E_p - E_a + F_{f_3} \geq K_s \cdot T'_p \qquad (7-9)$$

式中，E_p 为固定墩抗推力侧的被动土压力，N；E_a 为固定墩迎推力侧的主动土压力，N；F_{f_1} 为水平向支墩滑动平面上摩擦力，N；F_{f_2} 为垂直向上弯管固定墩滑动平面上摩擦力，N；F_{f_3} 为垂直向下弯管固定墩滑动平面上摩擦力，N；K_s 为固定墩抗滑稳定性抗力系数，取 1.5；T' 为固定墩推力合成力，N；T'_p 为管道对固定墩水平分力，N。

2）固定墩地基承载力验算

(1) 水平弯管固定墩地基承载力验算条件见式（7-10）：

$$G_b + W_b \leq A_b \cdot f_a \qquad (7-10)$$

(2) 垂直向上弯管固定墩地基承载力验算条件见式（7-11）：

$$G_b + W_b + T'_x \leq A_b \cdot f_a \qquad (7-11)$$

(3) 垂直向下弯管固定墩地基承载力验算条件见式（7-12）：

$$G_b + W_b \leq A_b \cdot f_a \qquad (7-12)$$

不考虑地下水引起的浮力和水压合力的垂直向上分力偏于安全。

式中，G_b 为固定墩自重，N；W_b 为固定墩顶部覆土重力，N；A_b 为支墩底面积，m²；f_a 为修正后的地基承载力特征值，kPa，不小于 80 kPa；T'_x 为管道对固定墩垂直向下的分力，N。

3）垂直向下弯管固定墩垂直向稳定验算

垂直向下弯管固定墩垂直向稳定验算如下：

$$G_b + W_b + 2F'_f \geq K_f \cdot T'_s \qquad (7-13)$$

$$F'_f = K_0 \cdot \rho \cdot g \cdot 2 \cdot (b+d) \cdot \frac{Z_2^2 - Z_1^2}{2} \cdot \tan^2\left(45° - \frac{\varphi}{2}\right) \qquad (7-14)$$

$$K_0 = 1 - \sin\varphi \qquad (7-15)$$

式中，G_b 为固定墩自重，N；W_b 为固定墩顶部覆土重力，N；K_f 为垂直向稳定性抗力系数，取 1.1；F'_f 为固定墩侧向和周围土体的剪切力，N；K_0 为土壤静压力系数；φ 为回填土内摩擦角，°，砂土可取 30°；T'_s 为管道对固定墩垂直向上分力，N。

【例 7-1】管径 DN600×45°水平弯管固定墩设计，如图 7-3 所示。

(1) 设计条件如表 7-8 所示。

表7-8 例7-1表

管道的公称直径	DN600（外径为635 mm）
最大的内部压力	1.0 MPa
覆埋土壤厚度	1.2 m
回填土壤密度 ρ	1800 kg/m³
混凝土墩密度 ρ_N	2400 kg/m³
铸铁管密度 ρ_z	7300 kg/m³
混凝土墩和土壤之间的摩擦系数	0.5
土壤的内摩擦角度	30°

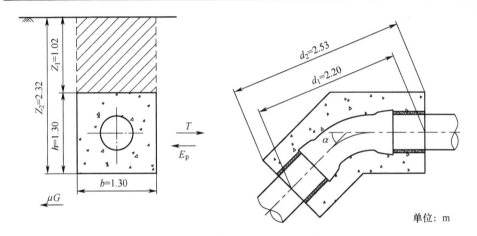

图 7-3 管径 DN600×45°水平弯管固定墩的设计

（2）弯管处的推力 T'。

$$T' = 2P \cdot A \cdot \sin\left(\frac{\alpha}{2}\right) = 2 \times 1.0 \times \frac{\pi}{4} \times 635^2 \times \sin\left(\frac{45°}{2}\right)$$
$$= 242.3 \text{ kN}$$

或查表7-2，固定墩处推力合成力为242.4 kN。

（3）混凝土墩的设计。

①混凝土墩上回填土壤的重力：

$$W_b = \rho \cdot g \cdot Z_1 \cdot b \cdot d_1 = 1800 \times 9.8 \times 1.02 \times 1.3 \times 2.2 = 51459 \text{ N}$$
$$= 51.46 \text{ kN}$$

②管道和管中水的重力：

$$W_s = \left(\frac{\pi}{4}(DE^2 - D_i^2) \cdot d_1 \cdot \rho_z + \frac{\pi}{4}D_i^2 \cdot d_1 \cdot \rho_s\right) \cdot g$$
$$= \left\{\frac{\pi}{4} \times \left[\left(\frac{635}{1000}\right)^2 - \left(\frac{617.6}{1000}\right)^2\right] \times 2.2 \times 7300 + \right.$$

$$\frac{\pi}{4} \times \left(\frac{617.6}{1000}\right)^2 \times 2.2 \times 1000 \right] \times 9.8$$
$$= 9148.34 \text{ N} = 9.15 \text{ kN}$$

③混凝土墩的自重：
$$G_b = \left(b \cdot h \cdot d_1 - \frac{\pi}{4}DE^2 \cdot d_1\right) \cdot \rho_N \cdot g$$
$$= \left[1.3 \times 1.3 \times 2.2 - \frac{\pi}{4} \times \left(\frac{635}{1000}\right)^2 \times 2.2\right] \times 2400 \times 9.8 = 71068.75 \text{ N}$$
$$= 71.07 \text{ kN}$$

④在混凝土墩底部的总重力：
$$G = W_b + W_s + G_b = 51.46 + 9.15 + 71.07 = 131.68 \text{ kN}$$

⑤混凝土墩的摩擦阻力：
$$F_f = \mu \cdot G = 0.5 \times 131.68 = 65.84 \text{ kN}$$

⑥混凝土墩后部由被动土压力施加的阻力：
$$E_p = \rho \cdot g \cdot d_2 \cdot \frac{Z_2^2 - Z_1^2}{2} \cdot \tan^2\left(45° + \frac{\varphi}{2}\right)$$
$$= 1800 \times 9.8 \times 2.53 \times \frac{2.32^2 - 1.02^2}{2} \times \tan^2\left(45° + \frac{30°}{2}\right) = 290.65 \text{ kN}$$

⑦混凝土墩迎推力侧由主动土压力施加的阻力：
$$E_a = \rho \cdot g \cdot d_2 \cdot \frac{Z_2^2 - Z_1^2}{2} \cdot \tan^2\left(45° - \frac{\varphi}{2}\right)$$
$$= 1800 \times 9.8 \times 2.53 \times \frac{2.32^2 - 1.02^2}{2} \times \tan^2\left(45° - \frac{30°}{2}\right) = 32.30 \text{ kN}$$

⑧混凝土墩的抵抗力：
$$F_f + E_p - E_a = 65.84 + 290.65 - 32.30 = 324.19 \text{ kN}$$

$(F_f + E_p - E_a)$ 值大于推力值 242.4 kN，因此，使用这个混凝土墩是安全的，安全系数为

$$SF = \frac{324.19}{242.4} = 1.34$$

如果 $(F_f + E_p - E_a)$ 值不大于推力值，那么应该扩大混凝土墩的尺寸，并重复上述计算。

⑨所需的地面承载力：
$$\sigma = \frac{G}{b \cdot d_1} = \frac{131.68}{1.3 \times 2.2} = 46.04 \text{ kN/m}^2$$

如果所允许的地面承载力大于这个数值，那么混凝土墩可以使用；否则，应扩大混凝土墩底部的尺寸。

【例7-2】管径DN600×45°竖直向下弯管固定墩设计，如图7-4所示。

(1) 设计条件如表7-9所示。

表7-9 例7-2表

管道的公称直径	DN600（外径为635 mm）
最大的内部压力	1.0 MPa（工作压力+水锤冲压，或现场试验压力，取较大值）
覆埋土壤厚度	1.2 m
回填土壤的密度 ρ	1800 kg/m³
混凝土墩的密度 ρ_N	2400 kg/m³
铸铁管的密度 ρ_z	7300 kg/m³
混凝土墩和土壤之间的摩擦系数	0.5
土壤的内摩擦角度	30°

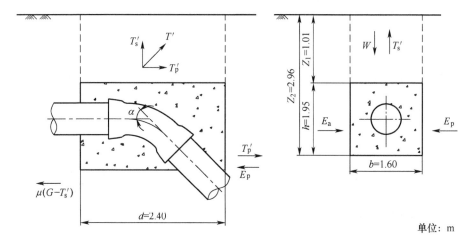

图7-4 管径DN600×45°竖直向下弯管固定墩设计

(2) 在弯管处的推力。

$$T = P \cdot A = 1.0 \times \frac{\pi}{4} \times \left(\frac{635}{1000}\right)^2 = 316.53 \text{ kN}$$

①垂直向上分力：

$$T'_s = T \cdot \sin\alpha = 316.53 \times \sin 45° = 223.79 \text{ kN}$$

②水平方向分力：

$$T'_p = T \cdot (1 - \cos\alpha) = 316.53 \times (1 - \cos 45°) = 92.74 \text{ kN}$$

或查表7-4同样可得弯头处推力。

(3) 相对于水平方向上分力的阻力。

①混凝土墩上回填土壤的重力：

$$W_b = \rho \cdot g \cdot Z_1 \cdot b \cdot d = 1800 \times 9.8 \times 1.01 \times 1.6 \times 2.4$$
$$= 68415 \text{ N} = 68.41 \text{ kN}$$

②管道和管中水的重力：

$$W_s = \left(\frac{\pi}{4}(\text{DE}^2 - D_i^2) \cdot d \cdot \rho_z + \frac{\pi}{4}D_i^2 \cdot d \cdot \rho_s\right) \cdot g$$
$$= \left\{\frac{\pi}{4} \times \left[\left(\frac{635}{1000}\right)^2 - \left(\frac{617.6}{1000}\right)^2\right] \times 2.4 \times 7300 + \frac{\pi}{4} \times \left(\frac{617.6}{1000}\right)^2 \times 2.4 \times 1000\right\} \times 9.8$$
$$= 9980.00 \text{N} = 9.98 \text{ kN}$$

③混凝土墩的自重：

$$G_b = \left(b \cdot h \cdot d - \frac{\pi}{4}\text{DE}^2 \cdot d\right) \cdot \rho_N \cdot g$$
$$= \left[1.6 \times 1.95 \times 2.4 - \frac{\pi}{4} \times \left(\frac{635}{1000}\right)^2 \times 2.4\right] \times 2400 \times 9.8$$
$$= 158250 \text{ N} = 158.25 \text{ kN}$$

④在混凝土墩底部的总重力：

$$G = W_b + W_s + G_b = 68.41 + 9.98 + 158.25 = 236.64 \text{ kN}$$

⑤水平方向混凝土墩的摩擦阻力：

$$F_f = \mu \cdot (G - T'_s) = 0.5 \times (236.64 - 223.79) = 6.43 \text{ kN}$$

⑥混凝土墩水平方向后部由被动土压力施加的阻力：

$$E_p = \rho \cdot g \cdot b \cdot \frac{Z_2^2 - Z_1^2}{2} \cdot \tan^2\left(45° + \frac{\varphi}{2}\right)$$
$$= 1800 \times 9.8 \times 1.6 \times \frac{2.96^2 - 1.01^2}{2} \times \tan^2\left(45° + \frac{30°}{2}\right) = 327.72 \text{ kN}$$

⑦混凝土墩迎推力侧由主动土压力施加的阻力：

$$E_a = \rho \cdot g \cdot b \cdot \frac{Z_2^2 - Z_1^2}{2} \cdot \tan^2\left(45° - \frac{\varphi}{2}\right)$$
$$= 1800 \times 9.8 \times 1.6 \times \frac{2.96^2 - 1.01^2}{2} \times \tan^2\left(45° - \frac{30°}{2}\right) = 36.42 \text{ kN}$$

⑧水平方向混凝土墩的抵抗力：

$$F_f + E_p - E_a = 6.43 + 327.72 - 36.42 = 297.73 \text{ kN}$$

($F_f + E_p - E_a$) 值大于水平方向推力值92.74 kN，因此，使用这个混凝土墩

是安全的，安全系数为

$$SF = \frac{397.73}{92.74} = 3.21$$

如果$(F_f + E_p)$值不大于推力值，那么应该扩大混凝土墩的尺寸，并且重复上述计算。

(4) 相对于垂直方向分力的阻力。

①总重力：

$$G = W_b + W_s + G_b = 68.41 + 9.98 + 158.25 = 236.64 \text{ kN}$$

②固定墩侧向和周围土体的剪切力：

$$F'_f = K_0 \cdot \rho \cdot g \cdot 2(b+d) \cdot \frac{Z_2^2 - Z_1^2}{2} \cdot \tan^2\left(45° - \frac{\varphi}{2}\right)$$

$$= 0.5 \times 1800 \times 9.8 \times 2 \times (1.6 + 2.4) \times \frac{2.96^2 - 1.01^2}{2} \times$$

$$\tan^2\left(45° - \frac{30°}{2}\right) = 90.93 \text{ kN}$$

③相对于垂直方向分力的阻力：

$$G + F'_f = 236.64 + 90.93 = 327.57 \text{ kN}$$

$(G + F'_f)$值大于竖直方向推力值223.79 kN，因此，使用这个混凝土墩是安全的，安全系数为

$$SF = \frac{327.57}{223.79} = 1.46$$

如果$(G + F'_f)$值不大于垂直方向的分力，那么应该扩大混凝土墩的尺寸，并且重复上述计算。

④所需的地面承载力：

$$\sigma = \frac{G}{b \cdot d} = \frac{236.64}{1.6 \times 2.4} = 61.63 \text{ kN/m}^2$$

如果所允许的地面承载力大于这个数值，那么混凝土墩可以使用；否则，应扩大混凝土墩底部的尺寸。

【例7-3】 用于管径DN600×45°竖直向上弯管的混凝土墩设计，如图7-5所示。

(1) 设计条件如表7-10所示。

表7-10 例7-3表

管道的公称直径	DN600（外径为635 mm）
最大的内部压力	1.0 MPa（工作压力+水锤冲压，或现场试验压力，无论哪个较大）
覆埋土壤厚度	1.2 m

续表

回填土壤的密度 ρ	1800 kg/m³
混凝土墩的密度 σ_h	2400 kg/m³
铸铁管的密度 ρ_z	7300 kg/m³
混凝土墩和土壤之间的摩擦系数	0.5
土壤的内摩擦角度	30°

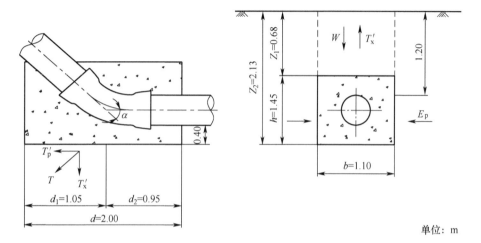

单位：m

图 7-5　管径 DN600×45°竖直向上弯头设计

（2）在弯管处的推力。

$$T = P \cdot A = 1.0 \times \frac{\pi}{4} \times \left(\frac{635}{1000}\right)^2 = 316.53 \text{ kN}$$

①垂直向下分力：

$$T'_x = T \cdot \sin\alpha = 316.53 \times \sin 45° = 223.79 \text{ kN}$$

②水平方向分力：

$$T'_p = T \cdot (1 - \cos\alpha) = 316.53 \times (1 - \cos 45°) = 92.74 \text{ kN}$$

或查表 7-3 同样可得弯管处推力。

（3）相对于水平方向上的分力的阻力。

①混凝土墩上回填土壤的重力：

$$W_b = \rho \cdot g \cdot Z_1 \cdot b \cdot d = 1800 \times 9.8 \times 0.68 \times 1.1 \times 2 = 26389 \text{ N} \approx 26.39 \text{ kN}$$

②管道和管中水的重力：

$$W_s = \left[\frac{\pi}{4}(\text{DE}^2 - D_i^2) \cdot d \cdot \rho_z + \frac{\pi}{4}D_i^2 \cdot d \cdot \rho\right] \cdot \rho$$

$$= \left\{\frac{\pi}{4} \times \left[\left(\frac{635}{1000}\right)^2 - \left(\frac{617.6}{1000}\right)^2\right] \times 2 \times 7300 + \right.$$

$$\left.\frac{\pi}{4} \times \left(\frac{617.6}{1000}\right)^2 \times 2 \times 1000\right\} \times 9.8$$

$$= 8316.67 \text{ N} = 8.32 \text{ kN}$$

③混凝土墩的自重：

$$G_b = \left(b \cdot h \cdot d - \frac{\pi}{4}\text{DE}^2 \cdot d\right) \cdot \rho_h \cdot g$$

$$= \left[1.1 \times 1.45 \times 2.0 - \frac{\pi}{4} \times \left(\frac{635}{1000}\right)^2 \times 2\right] \times 2400 \times 9.8$$

$$= 60139.15 \text{ N} = 60.14 \text{ kN}$$

④在混凝土墩底部的总重力：

$$G = W_b + W_s + G_b = 26.39 + 8.32 + 60.14 = 94.85 \text{ kN}$$

⑤水平方向混凝土墩的摩擦阻力：

$$F_f = \mu \cdot (G + T'_x) = 0.5 \times (94.85 + 223.79) = 159.32 \text{ kN}$$

⑥水平方向混凝土墩后部由被动土压力施加的阻力：

$$E_p = \rho \cdot g \cdot b \cdot \frac{Z_2^2 - Z_1^2}{2} \cdot \tan^2\left(45° + \frac{\varphi}{2}\right)$$

$$= 1800 \times 9.8 \times 1.1 \times \frac{2.13^2 - 0.68^2}{2} \times \tan^2\left(45° + \frac{30°}{2}\right)$$

$$= 118585.44 \text{ N} = 118.59 \text{ kN}$$

⑦水平方向混凝土墩迎推力侧由主动土压力施加的阻力：

$$E_a = \rho \cdot g \cdot b \cdot \frac{Z_2^2 - Z_1^2}{2} \cdot \tan^2\left(45° - \frac{\varphi}{2}\right)$$

$$= 1800 \times 9.8 \times 1.1 \times \frac{2.13^2 - 0.68^2}{2} \times \tan^2\left(45° - \frac{30°}{2}\right) = 13.18 \text{ kN}$$

⑧水平方向混凝土墩的抵抗力：

$$F_f + E_p - E_a = 159.32 + 118.59 - 13.18 = 264.73 \text{ kN}$$

$(F_f + E_p - E_a)$ 值大于水平方向推力值 92.74 kN，因此，使用这个混凝土墩是安全的，安全系数为

$$\text{SF} = \frac{264.73}{92.74} = 2.85$$

如果 $(F_f + E_p - E_a)$ 值不大于推力值，那么应扩大混凝土墩的尺寸，并且重复上述计算。

(4) 相对于垂直方向分力的阻力。

①总重力：

$$G = W_b + W_s + G_b = 26.39 + 8.32 + 60.14 = 94.85 \text{ kN}$$

②所需的地面承载力：

$$\sigma = \frac{G + T'_x}{b \cdot d} = \frac{94.85 + 223.79}{1.1 \times 2} = 144.90 \text{ kN/m}^2$$

如果允许地面的承载能力大于垂直方向的分力和作用在混凝土墩底部的重力，那么混凝土墩就会稳固。

7.4 固定墩的结构形式

7.4.1 弯管固定墩

弯管固定墩包括不同角度的水平弯管固定墩、竖向弯管固定墩。

水平弯管固定墩如图7-6（a）和图7-6（b）所示，竖向弯管固定墩如图7-7（a）和图7-7（b）所示。

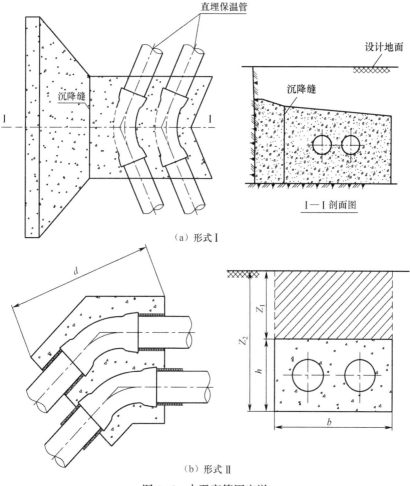

图7-6 水平弯管固定墩

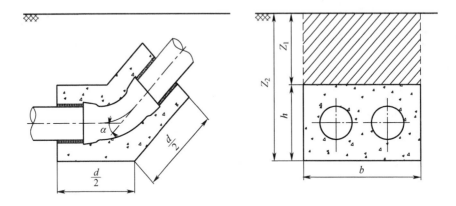

（a）向上弯管固定墩

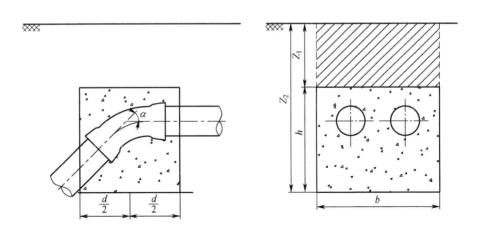

（b）向下弯管固定墩

图 7-7 竖向弯管固定墩

7.4.2 三通固定墩

三通固定墩如图 7-8 所示。图 7-8（a）为正三通，图 7-8（b）为跨弯三通，由工艺布管标高决定。跨弯三通的 3 个承口全部被浇筑在混凝土墩内。

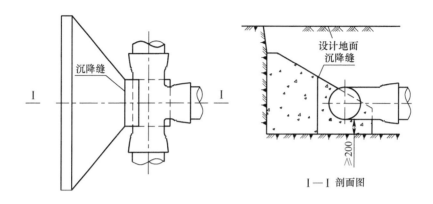

（a）正三通

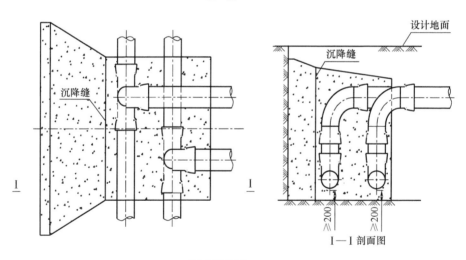

（b）跨弯三通

图 7-8　三通固定墩（单位：mm）

7.4.3　直管段固定墩

盲端固定墩如图 7-9 所示。直管固定墩如图 7-10 所示。图 7-9（b）盲端侧固定墩也就是直管段固定墩，如图 7-10（a）所示。图中示意的混凝土墩可以为纯矩形，也可以为倒梯形、矩形+扇形、箱式矩形。

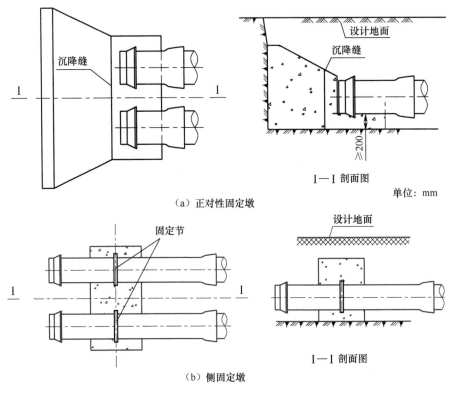

(a) 正对性固定墩

(b) 侧固定墩

图 7-9 盲端固定墩

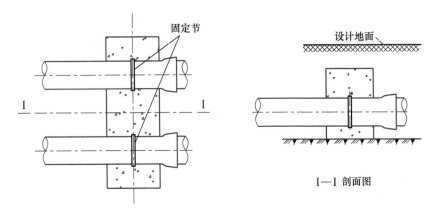

(a) 承口前固定

图 7-10 直管固定墩

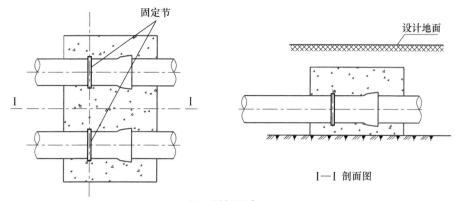

(b) 承插口固定

图 7-10 直管固定墩（续）

7.4.4 变径管固定墩

变径管固定墩如图 7-11 所示。矩形底座可以是倒梯形或扇形。

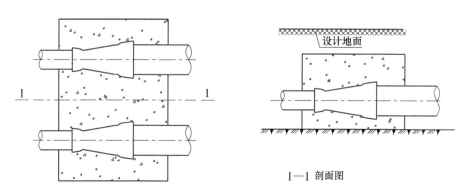

图 7-11 变径管固定墩

7.4.5 箱式固定墩

箱式固定墩如图 7-12 所示，箱式固定墩与管道阀门小室、泄水排气小室等合用。

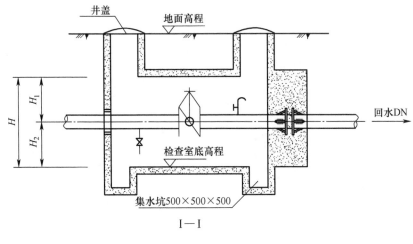

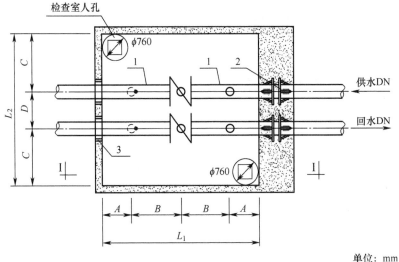

图 7-12　箱式固定墩

7.4.6　其他说明

（1）固定墩的强度及配筋计算应根据受力特点按现行国家标准 GB/T 50010《混凝土结构设计标准》的相关规定执行。制作固定墩所用的混凝土强度等级不应低于 C30，钢筋应采用 HPB300、HRB400，直径不应小于 10 mm，间距不应大于 250 mm。钢筋应双层布置，保护层不应小于 40 mm。固定墩穿管洞口应设置加强筋（见图 7-13）。

（2）当地下水对钢筋混凝土有腐蚀作用时，应按现行国家标准 GB/T 50046

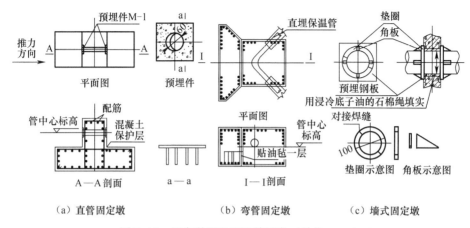

图 7-13 固定墩洞口及配筋示意（单位：mm）

《工业建筑防腐蚀设计标准》的规定对固定墩进行防腐处理。

（3）固定墩推力应为水压试验条件下单根推力（供回水管分别固定）或者双管推力（供回水管一起固定）。

（4）固定墩不应修筑在松软土壤上，必要时应换土，以保证充足的被动土压力和摩擦力。

（5）按照形状，可将固定墩分为矩形固定墩、梯形固定墩、L形固定墩、扇形固定墩、箱式固定墩等。其中，箱式固定墩与阀门小室等合用，以降低土建造价。

7.5 自锚接口系统

自锚接口系统的主要目的是：在不使管壁过度受力的情况下，将不平衡力传递到周围土壤中，且不使接口分离。为了实现不平衡力的传递，需要依赖于管-土摩擦力和被动土压力。

推力合力每侧所需要的自锚长度，需要根据每侧所有管道部件产生的不平衡力之和来计算。自锚接口系统免支墩设计的目的是在管件两侧安装自锚管，这样管件能够将不平衡力传递到周围土壤中。

7.6 单位摩擦力

管道与土壤之间的单位长度摩擦力应按下列公式计算：

$$F_s = \mu \left(\frac{1+K_0}{2} \pi \cdot Dc \times \sigma_v + G_p - \frac{\pi}{4} Dc^2 \cdot \rho \cdot g \right) \tag{7-16}$$

$$K_0 = 1 - \sin\varphi \tag{7-17}$$

式中，F_s 为管道与土壤之间的单位长度摩擦力，N/m；μ 为摩擦系数；Dc 为外护层外径，m；σ_v 为管道中心线处土壤应力，Pa；G_p 为包括介质在内的保温管道单位长度自重，N/m；ρ 为土密度，kg/m³，可取 1800 kg/m³；g 为重力加速度，m/s²；K_0 为土壤静压力系数；φ 为回填土内摩擦角，°，砂土取 30°。

土壤应力应按以下公式计算：

（1）管道中心线位于地下水位以上时的土壤应力：

$$\sigma_v = \rho \cdot g \cdot H \tag{7-18}$$

式中，σ_v 为管道中心线处土壤应力，Pa；ρ 为土密度，kg/m³，可取 1800 kg/m³；g 为重力加速度，m/s²；H 为管道中心线覆土深度，m。

（2）管道中心线位于地下水位以下时的土壤应力：

$$\sigma_v = \rho \cdot g \cdot H + \rho_{sw} \cdot g(H - H_w) \tag{7-19}$$

式中，ρ_{sw} 为地下水位线以下的土壤有效密度，kg/m³；H_w 为地下水位线深度，m。

预制保温球墨铸铁热力管道外护层与土壤间的摩擦系数应根据回填条件确定，可按表 7-11 选用。

表 7-11 预制保温球墨铸铁热力管道外护层与土壤间的摩擦系数

回填料	摩擦系数	
	最大摩擦系数 μ_{max}	最小摩擦系数 μ_{min}
中砂	0.40	0.20
粉质黏土或砂质粉土	0.40	0.15

7.7 单位长度侧向阻力

1）侧向阻力，被动土压力

弯头处的最大单位侧向阻力 R_s 应进行限制，不超过呈均匀分布（矩形分布）的被动土压力 P_p，P_p 通常小于土壤抵抗管位移的极限压力。被动土压力通常定义为：土体结构在不发生剪切破坏的情况下所能承受的最大水平压力。水平地基压力会导致土体结构发生变形。地基阻力会随着土壤的变形而增大，或随着压力（小于被动土压力）带来的张力而增大。

对于密度超过临界孔隙率的土壤（这种情况通常是指稳定的原状土或者回填压实至 80% 或更高的标准葡氏密度），被动土压力逐渐升高到最大值时，土壤本身的位移或变形量相对于滑入式或机械式自锚管系统中弯管允许的或者有效的位移量来说，是非常小的。

特定土壤条件下的被动土压力采用朗肯公式计算：

$$P_p = \rho \cdot g \cdot H_c \cdot N_\varphi + 2C_s\sqrt{N_\varphi} \quad (7-20)$$

式中，P_p 为被动土压力，kN/m^2；ρ 为回填土密度，kg/m^3；g 为重力加速度，m/s^2；H_c 为阻力的所处水平面（管的中心线）到地表的平均深度，m；C_s 为土壤黏聚力，kN/m^2（见表 7-9）；N_φ 等于 $\tan^2(45°+\varphi/2)$；φ 为土壤内摩擦角，°（见表 7-9）。

2）被动土压力设计值

如上所述，最大朗肯被动土压力 P_p 是通过充分压实土壤的轻微变形而产生的。对于球墨铸铁预制保温管标准敷设情况（见图 7-14），被动土压力的设计值应乘以一个系数 K_n，防止出现过大变形的情况。

因此，

$$R_s = K_n \cdot P_p \cdot DE \quad (7-21)$$

式中，R_s 为单位长度侧方阻力，kN/m；K_n 为管沟修正系数（见表 7-12）；P_p 为被动土压力，kN/m^2；DE 为插口外径，m（见表 2-2）。

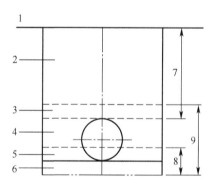

1—地面；2—主回填层；3—初始回填层；4—侧方填土层；5—上底层；6—下底层；
7—覆土深度；8—底层；9—填置层。

图 7-14 球墨铸铁预制保温管标准敷设示意

注：建议管底最小厚度为 100~200 mm，管底层到管中心线位置回填砂或其他颗粒状材料并压实；
有条件时管底至管顶为压实颗粒状材料或选定的其他材料（大约为 90% 的标准葡氏密度）。

3）被动土压力经验值

表 7-12 给出了 K_n 的经验值。在 ISO 21052 中，K_n 的取值与管道回填的压

实度、回填料和原状土有关。

土壤分类如表 7-13 所示。

表 7-12 土壤参数和管沟系数 K_n 的推荐值

土壤名称	土壤成分描述	土壤内摩擦角 $\varphi/(°)$	管-土摩擦比 f_φ	土壤黏聚力 C_s kN/m²	管-土黏聚力比 f_c	回填土重度 $\rho \cdot g$ kN/m³	管沟修正系数 K_n
黏土1	黏土，塑性，中到低级 LL<50，粗颗粒<25% （CL & CL-ML）	0	0	14.37	0.8 (0.50ª)	14.139	0.85
粉土1	黏土，塑性，中到低级，LL<50，粗颗粒<25% （ML & ML-CL）	29	0.50ª / 0.75	0	0	14.139	0.85
黏土2	含有砂或砾石的黏土，塑性，中到低级，LL<50，粗颗粒为25%~50% （CL）	0	0	14.37	0.8 (0.50ª)	14.139	1
粉土2	含有砂或砾石的粉土，塑性，中到低级，LL<50，粗颗粒25%~50% （ML）	29	0.50ª / 0.75	0	0	14.139	1
黏粒土	黏性粒状土，粗颗粒>50% （GC & SC）	20	0.40ª / 0.65	9.58	0.4	14.139	1
砂土	含有土的砂或砾石，粗颗粒>50% （SC & SM）（GM & SM）	30	0.50ª / 0.75	0	0	14.139	1
纯砂或砾石	纯砂或砾石，粗颗粒>95% （SW, SP & GW）	36	0.75ª / 0.8	0	0	15.71	1

注：a. 高度压实至90%的标准葡氏密度。

表 7-13 土 壤 分 类

200目筛上的粗粒土>50%	主要分类	分组代号	分组名称
	砾石，4目筛上的粗粒级≥50%	纯砾	GW	级配良好的砾石和砂砾混合物，很少或没有细粒
			GP	级配不良的砾石和砂砾混合物，很少或没有细粒

续表

主要分类		分组代号	分组名称
200目筛上的粗粒土>50%	砾石,4目筛上的粗粒级≥50%	带细粒土的砾	GM	粉土质砾,砾石-砂-粉砂混合物
			GC	黏土质砾,砾石-砂-黏土混合物
		纯砂	SW	级配良好砂和砾石砂,很少或没有细粒
			SP	级配不良砂和砾石砂,很少或没有细粒
	砂,4目筛下的粗粒级>50%	带细粒土的砂	SM	粉砂、砂粉混合物
			SC	黏土砂,砂-黏土混合物
200目筛下的细粒土≥50%	粉土与黏土的液限含水量≤50%		ML	无机粉砂,极细砂,岩粉,粉质或黏土细砂
			CL	低至中等塑性无机黏土,砾质黏土,砂质黏土,粉质黏土,贫黏土

7.8 自锚长度计算

1) 水平弯管

图 7-15 是自锚管段的水平弯管受力图,其中 L 是弯管每侧的自锚长度。单位摩擦阻力为单位长度上均匀分布的力,用 F_f 表示,则弯管每侧的摩擦阻力合力为 $F_f \cdot L \cdot \cos(\alpha/2)$。

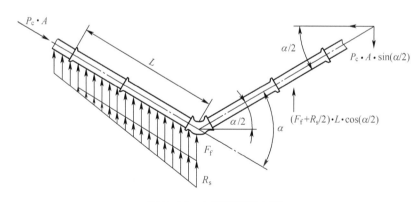

图 7-15 水平弯管受力图

如图 7-15 所示,最大单位侧方阻力 R_s 位于弯管处,它是一个分散分布的力,在 L 上(从弯管向两侧)线性递减至 0。这一假设基于侧方阻力(被动土压力）与土的变形量或位移成正比。当自锚接口承受载荷时，最大位移发生在弯管处。则在弯管每侧，假定侧方阻力的合力为 $(R_s/2) \cdot L \cdot \cos(\alpha/2)$。

那么该受力公式为：

$$P_c \cdot A \cdot \sin\left(\frac{\alpha}{2}\right) = F_f \cdot L \cdot \cos\left(\frac{\alpha}{2}\right) + \frac{1}{2} R_s \cdot L \cdot \cos\left(\frac{\alpha}{2}\right) \quad (7-22)$$

乘以安全系数 SF，解出 L：

$$L = \frac{\text{SF} \cdot P_c \cdot A \cdot \tan\left(\dfrac{\alpha}{2}\right)}{F_f + \dfrac{1}{2} R_s} \quad (7-23)$$

式中，P_c 为管道计算压力，MPa；A 为管道截面积，m²，$A = \dfrac{\pi \cdot \text{DE}^2}{4}$；DE 为插口外径，mm。

在设计方法上，重要的是要保证（弯管）每侧都能抵抗所有部件沿管身长度方向产生的不平衡力（合力），同时满足接口的整体平衡。因此，弯管每侧的自锚长度宜满足下列条件：

（1）弯管每侧沿管身方向各部件产生的推力合力宜沿管-土界面安全传递到土体中，避免接口分离；

（2）不平衡的推力合力宜借助（管-土）摩擦阻力和被动土压力安全地传递到土体中。

2）竖直向下弯管

竖直向下弯管受力图如图 7-16 所示。保守起见，与推力方向相反的重力，如土重、管重和水重可忽略不计；然而，在计算单位长度摩擦力 F_s 时，这三者需要加以考虑。

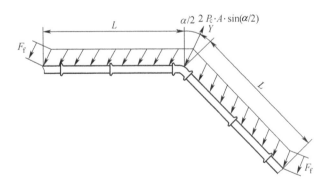

图 7-16 竖直向下弯管受力图

求 Y 方向的合力：

$$\sum F_Y = 0 \tag{7-24}$$

推导出

$$2P_c \cdot A \cdot \sin\left(\frac{\alpha}{2}\right) - 2F_f \cdot L \cdot \cos\left(\frac{\alpha}{2}\right) = 0 \tag{7-25}$$

乘以安全系数，并解出 L：

$$L = \left[\frac{\text{SF} \cdot P_c \cdot A \cdot \tan\left(\frac{\alpha}{2}\right)}{F_f}\right] \tag{7-26}$$

3）竖直向上弯管

竖直向上弯管的自锚长度计算公式如下：

$$L = \frac{\text{SF} \cdot P_c \cdot A \cdot \tan\left(\frac{\alpha}{2}\right)}{F_f + \frac{1}{2}R_s} \tag{7-27}$$

注意：受力图同水平弯管（见图 7-15）。

4）三通

三通受力图如图 7-17 所示。

$$P_c \cdot A_b = L_b \cdot F_f + \frac{1}{2}R_s \cdot L_r \tag{7-28}$$

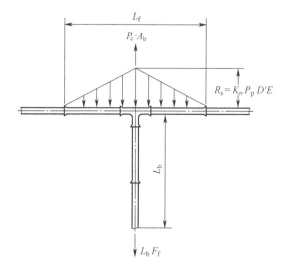

图 7-17　三通受力图

乘以安全系数并解出 L_b：

$$L_b = \frac{SF \cdot P_c \cdot A_b - \frac{1}{2}R_s \cdot L_r}{F_f} \quad (7-29)$$

式中，R_s 为等于 $K_n P_p D'E$；$P_c \cdot A_b$ 为支管的截面积，m^2；L_b 为支管的自锚长度，m；L_r 为主管线上三通每侧首个接口之间的总长，m。

5）渐缩管

渐缩管受力图如图 7-18 所示。

$$L_1 = \frac{SF \cdot P_c \cdot (A_1 - A_2)}{F_{f_1}} \quad (7-30)$$

式中，A_1 为渐缩管较大口径处的截面积；A_2 为渐缩管较小口径处的截面积。注意：如果渐缩管小口径一端的直管段长度超过了 L_2，那么就不需要使用自锚接口。

$$L_2 = \frac{SF \cdot P_c \cdot (A_1 - A_2)}{F_{f_2}} \quad (7-31)$$

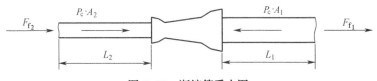

图 7-18　渐缩管受力图

6）盲端

盲端受力图如图 7-19 所示。

$$L = \frac{SF \cdot P_c \cdot A}{F_f} \quad (7-32)$$

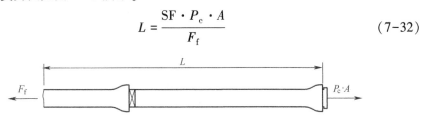

图 7-19　盲端受力图

7）相互影响的自锚长度

自锚管段在水平面或者纵断面上经常要用到乙字弯来躲避障碍物，如建筑物、河道等。为减少推力荷载及所需自锚管线的长度，宜尽量选择小角度弯管来实现。同时，管线在进行水压试验时，管线长度会拉长；而且接口过度偏转（自锚管线位移过大），也会对周围管线及构筑物造成危害。因此，自锚接口在安装时应充分伸长。在某些情况下，管件之间可能相距过近，计算得出的所需长度的自锚管出现了重叠。在这种情况下，采用的方法如下：

①将两个管件之间的管全部锚固；

②假定两个管件之间的自锚管长度均分为两个部分，每个部分分别抵抗各自管件的推力；

③用公式计算出管件另外两侧需要额外增加的自锚长度。参见等角度竖直乙字弯和等角度水平组合弯管两个示例。

（1）等角度竖直乙字弯（α）。等角度竖直乙字弯（α）受力图如图7-20所示。当弯管角度接近90°时，组合管件两侧的侧向移动几乎为零。在这种情况下，将两个管件之间的管全部锚固，管件另一侧的自锚长度应按照盲端模型进行计算。

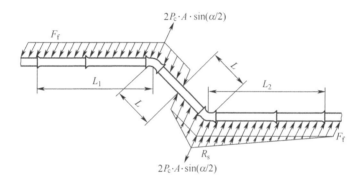

图7-20 等角度竖直乙字弯（α）受力图

对于L_1：

$$2P_c \cdot A \cdot \sin\left(\frac{\alpha}{2}\right) = F_f \cdot L \cdot \cos\left(\frac{\alpha}{2}\right) + F_f \cdot L_1 \cdot \cos\left(\frac{\alpha}{2}\right) \quad (7-33)$$

乘以安全系数，并解出L_1：

$$L_1 = \frac{\text{SF} \cdot 2P_c \cdot A \cdot \tan\left(\frac{\alpha}{2}\right)}{F_f} - L \quad (7-34)$$

对于L_2：

$$\sum F = 0$$

$$2P_c \cdot A \cdot \sin\left(\frac{\alpha}{2}\right) = F_f L \cdot \cos\left(\frac{\alpha}{2}\right) + \frac{1}{2}R_s L \cdot \cos\left(\frac{\alpha}{2}\right) + F_f L_2 \cdot \cos\left(\frac{\alpha}{2}\right) + \frac{1}{2}R_s L_2 \cdot \cos\left(\frac{\alpha}{2}\right)$$

$$(7-35)$$

乘以安全系数，并解出 L_2：

$$L_2 = \frac{\mathrm{SF} \cdot 2P_c \cdot A \cdot \tan\left(\dfrac{\alpha}{2}\right)}{F_f + \dfrac{1}{2}R_s} - L \tag{7-36}$$

（2）等角度水平组合弯管（α）。等角度水平组合弯管（α）受力图如图7-21所示。

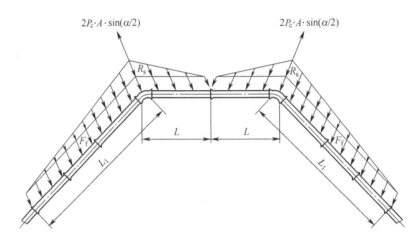

图 7-21　等角度水平组合弯管（α）受力图

当弯管角度接近 90°时，组合管件两侧的侧向移动几乎为零。在这种情况下，将两个管件之间的管全部锚固，管件另一侧的自锚长度应按照盲端模型进行计算。

对于 L_1：

$$2P_c \cdot A \cdot \sin\left(\frac{\alpha}{2}\right) = F_f \cdot L \cdot \cos\left(\frac{\alpha}{2}\right) + \frac{1}{2}R_s \cdot L \cdot \cos\left(\frac{\alpha}{2}\right) + F_f \cdot L_1 \cdot \cos\left(\frac{\alpha}{2}\right) +$$
$$\frac{1}{2}R_s \cdot L_1 \cdot \cos\left(\frac{\alpha}{2}\right) \tag{7-37}$$

乘以安全系数，并解出 L_1：

$$L_1 = \frac{\mathrm{SF} \cdot 2P_c \cdot A \cdot \tan\left(\dfrac{\alpha}{2}\right)}{F_f + \dfrac{1}{2}R_s} - L \tag{7-38}$$

8) 非等角水平组合弯管

非等角水平组合弯管受力图如图 7-22 所示。

对于 L_1：

$$2P_c \cdot A \cdot \sin\left(\frac{\alpha_1}{2}\right) = F_f \cdot L \cdot \cos\left(\frac{\alpha_1}{2}\right) + \frac{1}{2}R_{s_1} \cdot L \cdot \cos\left(\frac{\alpha_1}{2}\right) +$$

$$F_f \cdot L_1 \cdot \cos\left(\frac{\alpha_1}{2}\right) + \frac{1}{2}R_{s_1} \cdot L_1 \cdot \cos\left(\frac{\alpha_1}{2}\right) \quad (7\text{-}39)$$

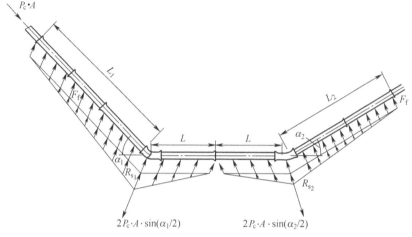

图 7-22　非等角水平组合弯管受力图

乘以安全系数，并解出 L_1：

$$L_1 = \frac{\text{SF} \cdot 2P_c \cdot A \cdot \tan\left(\dfrac{\alpha_1}{2}\right)}{F_f + \dfrac{1}{2}R_{s_1}} - L \quad (7\text{-}40)$$

对于 L_2：

$$2P_c \cdot A \cdot \sin\left(\frac{\alpha_{\text{tot}}}{2}\right) = F_f \cdot L \cdot \cos\left(\frac{\alpha_{\text{tot}}}{2}\right) + \frac{1}{2}R_{s_2} \cdot L \cdot \cos\left(\frac{\alpha_{\text{tot}}}{2}\right) +$$

$$F_f \cdot L_2 \cdot \cos\left(\frac{\alpha_{\text{tot}}}{2}\right) + \frac{1}{2}R_{s_2} \cdot L_2 \cdot \cos\left(\frac{\alpha_{\text{tot}}}{2}\right) \quad (7\text{-}41)$$

乘以安全系数，并解出 L_2：

$$L_2 = \frac{\text{SF} \cdot 2P_c \cdot A \cdot \tan\left(\dfrac{\alpha_{\text{tot}}}{2}\right)}{F_f + \dfrac{1}{2}R_{s_2}} - L \quad (7\text{-}42)$$

$$\alpha_{\text{tot}} = \alpha_1 + \alpha_2$$

9) 等角度竖直组合乙字弯（α）

(1) 管线从障碍物下方穿越。

管线在从下方穿越障碍物或现有设施时，经常要用到竖直组合乙字弯。若竖直向上弯管所需的自锚长度没有重叠，则该系统可视为两个独立的竖直乙字弯（见图7-23）。若自锚长度确实有重叠，则计算方法如下：

①最远的两个管件之间的所有管全部锚固；

②假设中间两个管件（竖直向上弯管）的推力由于方向相反而相互抵消；

③假设竖直向下弯管和竖直向上弯管之间的自锚管长度的1/2抵抗竖直向下弯管的推力；

④使用公式计算出该乙字弯系统（竖直向下弯管）另一侧额外需要的自锚长度。式（7-43）与该系统中另一个独立的竖直乙字弯中的竖直向下弯管的计算公式（7-34）相同。

$$L_1 = \frac{SF \cdot 2P_c \cdot A \cdot \tan\left(\frac{\alpha}{2}\right)}{F_f} - L \quad (7-43)$$

当等角度弯管接近90°时，管件另一侧自锚管段的侧向移动几乎为零。在这种情况下，将管件之间的所有管加以锚固，并将管件另一侧的自锚长度 L_1 按照盲端模型进行计算。

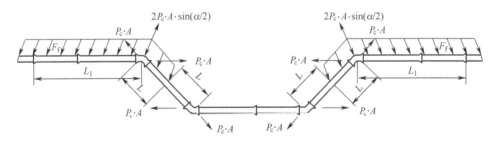

图7-23 等角度竖直组合弯管（α）受力图

(2) 管线从障碍物上方越过。

可用式（7-44）按照图7-23用相同的方法进行分析：

$$L_1 = \frac{SF \cdot 2P_c \cdot A \cdot \tan\left(\frac{\alpha}{2}\right)}{F_f + \frac{1}{2}R_s} - L \quad (7-44)$$

注意：绕过障碍物时用到的等角度水平组合乙字弯（α）也可用式（7-44）计算。

10) 自锚长度说明

在实际的安装施工中,实际敷设的自锚长度通常是单支管长的倍数(单支管长应符合 ISO 2531、ISO 7186 或 ISO 16631 的规定)。计算出的自锚长度为弯头每侧所需的最小自锚长度。例如,计算出的自锚长度在 6 m(含 6 m)以内时,通常需要在管件处安装一个自锚接口;若自锚长度在 6~12 m 时,则管件处需要使用两个自锚接口,以此类推。

只有在特殊情况下,如在土体不稳定、内压高且覆土浅及管道裸露的情况下,才有安全风险。在这些情况下,整个管线应使用自锚接口,并应采取额外措施,使偏转角保持在规定的限度内。

第8章 阀门井室安装图

本章所述安装图适用于设计温度小于或等于 130 ℃、设计压力小于或等于 2.5 MPa、管道公称直径 DN100~DN1600 的城镇供热球墨铸铁预制直埋保温热水管道的设计与施工。球墨铸铁预制直埋保温热水管道的工作管、保温层、外护管三位一体，由工厂预制。球墨铸铁预制直埋保温管性能必须满足相应规范及产品标准要求。

当直埋敷设在地震、湿陷性黄土、膨胀土等地区时，应遵守 GB 50032《室外给水排水和燃气热力工程抗震设计规范》、GB 50025《湿陷性黄土地区建筑标准》与 GB 50112《膨胀土地区建筑技术规范》等相关规范。当检查室内管道采用钢管时，管径小于 DN250 时采用符合 GB/T 8163《输送流体用无缝钢管》标准的无缝钢管；管径大于等于 DN250 时，采用符合 GB/T 3091《低压流体输送用焊接钢管》标准的螺旋缝埋弧焊钢。

如安装图无特殊说明，则均按无地下水条件计算和设计。本章所给表格数据仅适用于表中所列规格的球墨铸铁预制直埋保温热水管道，当选用其他规格的预制直埋保温热水管道时，表中数据应重新计算。除注明外，安装图尺寸均为毫米（mm）。

8.1 阀门检查室布置图

为便于运行维护和检修，球墨铸铁预制直埋热水保温管道的阀门、放气、泄水等设备附件应安装在检查室内，检查室布置如图 8-1、图 8-2 所示，检查室尺寸

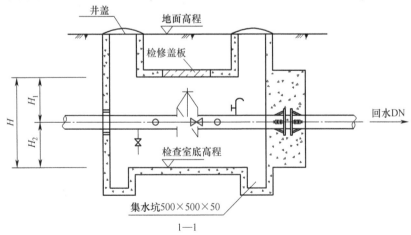

图 8-1 阀门检查室布置图（一）

如表8-1、表8-2所示。图8-1中检查室内采用钢质管道,检查室外采用球墨铸铁预制直埋保温热水管道。图8-2中检查室内外都采用球墨铸铁预制直埋保温热水管道。

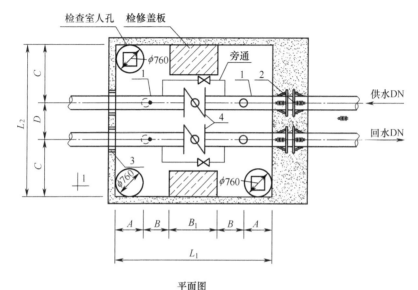

平面图

1—钢制预制直埋保温管;2—固定节;3—防水套管;4—阀门。

图8-1 阀门检查室布置图(一)(续)

注:1. 管道供、回水方向以设计为准,本图仅供参考;2. 井盖采用双层重型井盖;3. 所有管材及管件均应满足系统设计压力的要求;4. 排气及泄水管引至检查室集水坑内;5. 大于或等于DN500的阀门设置旁通阀,旁通管管径为主管管径的1/10。

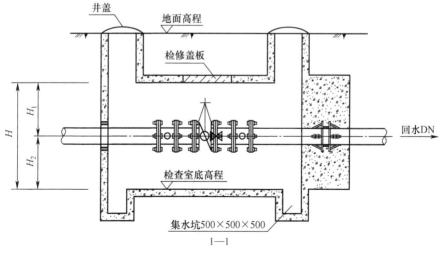

图8-2 阀门检查室布置图(二)

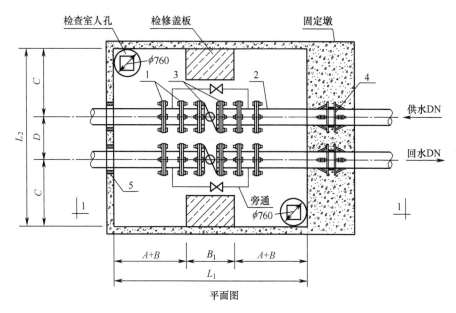

平面图

1—法兰三通；2—球墨铸铁保温管；3—法兰连接阀门；4—固定节；5—防水套管。

图 8-2 阀门检查室布置图（二）（续）

注：1. 管道供回水方向以设计为准，本图仅供参考；2. 井盖采用双层重型井盖；3. 管件与管道的连接采用法兰连接，钢管与球墨铸铁管连接采用法兰连接；4. 所有管材及管件均应满足系统设计压力的要求；5. 大于或等于 DN500 的阀门设置旁通阀，旁通管管径为主管管径的 1/10。

表 8-1 （DN100~DN450）阀门检查室尺寸表　　　　单位：mm

序号	公称直径 DN	A	B	B_1	C	D	L_1	L_2	H_2	泄水	放气
1	100	400	600	0	946	408	2000	2300	1200	DN50	DN15
2	125	400	600	0	932	436	2000	2300	1200	DN50	DN15
3	150	400	600	0	966	468	2000	2400	1200	DN50	DN15
4	200	400	700	0	984	532	2200	2500	1200	DN50	DN15
5	250	400	700	0	1003	594	2200	2600	1300	DN80	DN20
6	300	400	700	0	1024	652	2200	2700	1300	DN80	DN20
7	350	500	800	0	1041	818	2600	2900	1400	DN100	DN20
8	400	500	800	0	1064	872	2600	3000	1400	DN100	DN20
9	450	500	800	0	1094	912	2600	3100	1400	DN100	DN20

注：1. DN<500 的阀门检查室不设检修盖板。
2. 阀门检查室高度 H、H_1 综合考虑阀门尺寸、检修方便、管中埋深、覆土深度等因素确定。

表 8-2 （DN500~DN1600）阀门检查室尺寸表　　单位：mm

序号	公称直径 DN	A	B	B_1	C	D	L_1	L_2	H_2	泄水	放气
1	500	600	500	900	1861	978	3100	4700	1400		
2	600	600	500	900	1905	1190	3100	5000	1400	DN125	
3	700	650	550	1300	1999	1302	3700	5300	1400		
4	800	650	550	1300	2040	1420	3700	5500	1400	DN150	DN25
5	900	700	600	1300	2083	1534	3900	5700	1400		
6	1000	700	600	1300	2129	1742	3900	6000	1500		
7	1100	700	550	1400	2221	1858	3900	6300	1500	DN200	
8	1200	700	500	1500	2266	1968	3900	6500	1500		
9	1400	750	500	1700	2394	2312	4200	7100	1500		
10	1500	800	550	1800	2434	2432	4500	7300	1600	DN250	DN32
11	1600	800	500	1900	2478	2544	4500	7500	1600		

注：阀门检查室高度 H、H_1 综合考虑阀门尺寸、检修方便、管中埋深、覆土深度等因素确定。

8.2 管道穿墙套管安装图

柔性防水套管安装图如图 8-3 所示，相关尺寸如表 8-3 所示；刚性防水套管安装图如图 8-4 所示，相关尺寸如表 8-4 所示。

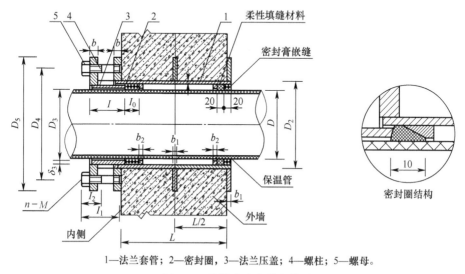

1—法兰套管；2—密封圈；3—法兰压盖；4—螺柱；5—螺母。

图 8-3 柔性防水套管安装图

表 8-3 柔性防水套管相关尺寸表 单位：mm

序号	公称直径 DN	保温管外径 D	套管参数												
			D_2	D_3	D_4	D_5	I	I_0	I_1	I_2	δ_2	δ_3	b	b_1	b_2	n-M
1	100	200	245	252	307	447	72	30	90	46	10	10	22	16	10	8-M20
2	125	225	270	277	332	472	72	30	90	46	10	10	22	16	10	8-M20
3	150	260	300	308	368	528	72	30	90	46	10	10	22	16	10	8-M20
4	200	315	370	378	438	603	72	30	90	46	10	10	22	16	12	12-M20
5	250	380	455	463	523	688	72	30	90	46	10	10	22	16	12	16-M20
6	300	430	505	513	573	738	75	30	104	54	10	12	26	20	12	16-M24
7	350	500	575	583	643	808	75	30	104	54	10	12	26	20	12	16-M24
8	400	550	635	643	703	868	75	30	104	54	10	12	26	20	12	20-M24
9	450	600	705	715	780	960	80	40	117	60	10	12	30	20	12	20-M27
10	500	655	770	780	845	1025	80	40	117	60	10	12	30	20	12	20-M27
11	600	760	890	900	965	1145	80	40	117	60	10	12	30	20	12	24-M27
12	700	870	995	1005	1070	1250	80	40	117	60	10	12	30	20	12	28-M27
13	800	975	1115	1125	1195	1385	80	40	117	60	10	12	30	20	12	32-M27
14	900	1080	1225	1235	1305	1495	80	40	117	60	10	12	30	20	12	36-M27
15	1000	1188	1340	1350	1420	1610	80	60	137	60	12	14	32	22	14	40-M27
16	1100	1300	1420	1430	1500	1690	80	80	137	60	12	14	32	22	14	42-M27
17	1200	1410	1570	1580	1650	1840	80	80	137	60	12	16	32	22	16	44-M27
18	1400	1630	1740	1750	1820	2010	80	100	137	60	12	16	32	22	16	48-M27
19	1500	1800	1920	1930	2000	2190	80	120	157	60	14	16	32	22	16	50-M27
20	1600	1900	2020	2050	2120	2320	100	120	157	80	14	16	32	22	16	52-M27

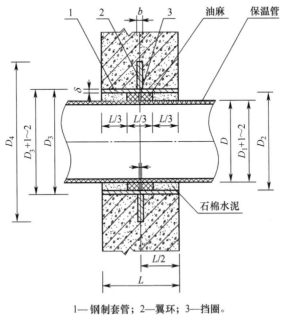

1—钢制套管；2—翼环；3—挡圈。

图 8-4 刚性防水套管安装图

表8-4 刚性防水套管相关尺寸表　　　　　单位：mm

序号	公称直径	保温管外径	套管参数				
	DN	D	D_2	D_3	D_4	δ	b
1	100	200	220	250	370	8	12
2	125	225	245	275	395	8	12
3	150	260	270	300	420	8	12
4	200	320	345	375	515	10	14
5	250	375	430	460	600	10	14
6	300	428	480	510	650	10	14
7	350	500	550	580	720	10	16
8	400	550	610	640	780	10	16
9	450	600	675	705	845	10	16
10	500	655	740	770	910	10	16
11	600	765	860	900	1040	10	16
12	700	870	956	1005	1145	10	16
13	800	975	1085	1125	1265	12	20
14	900	1080	1195	1235	1375	12	20
15	1000	1188	1310	1360	1500	12	20
16	1100	1300	1450	1500	1640	12	20
17	1200	1410	1540	1590	1730	14	20
18	1400	1630	1710	1760	1900	16	20
19	1500	1800	1950	2000	2140	16	20
20	1600	1900	2000	2050	2190	16	20

第9章 直埋管道施工、安装及验收

9.1 球墨铸铁预制保温管直埋管道横断面布置

球墨铸铁预制保温管直埋管道横断面的布置与保温管外径、管道敷设地段的土壤性质及地下水水位高度有关。敷设在非湿陷性黄土、地下水位以上的球墨铸铁预制保温管直埋管道横断面布置如图9-1（a）所示，敷设在非湿陷性黄土、地下水位以下的管道横断面布置如图9-1（b）所示，敷设在湿陷性黄土的管道横断面布置如图9-1（c）所示。根据土建结构设计规范，对湿陷性黄土区一般不允许进行管道直埋，这里提出的是一种措施性布置方案，设计时，须进行仔细核算再确定。球墨铸铁预制保温管直埋管道横断面相关尺寸如表9-1所示。

需要说明的是，图9-1给出的是球墨铸铁预制保温管直埋管道理论最小填砂高度，考虑了30°的安全余量，而表9-1是推荐高度。与给排水管道相比，预制保温管保温层比球墨铸铁管本身要脆弱得多，管底反作用压力不能过大，否则首先破坏的是保温层，然后才是径向失稳，参见第6章。本书建议采用密实回填，因而建议回填砂至管道中心线高度，即半个预制保温管，中线以上原土夯实。

显然，球墨铸铁预制保温管直埋管道周围回填砂高度比钢质预制直埋保温管周围填砂高度降低了至少半个管径，这有利于缺砂地区的工程建设。钢质预制保温管直埋管道横断面布置如图9-2所示，相关尺寸如表9-2所示。

沟槽放坡系数按地面土质确定。沟槽开挖到设计高程后，请有关人员验槽，合格后再进行下道工序。

填砂不得含有任何杂物及锋利石块，应分层夯实，压实系数大于0.9，每层虚铺200~350 mm，根据夯实机具确定。3:7灰土每层虚铺厚度为250 mm，夯实厚度为150 mm，压实系数大于0.93。

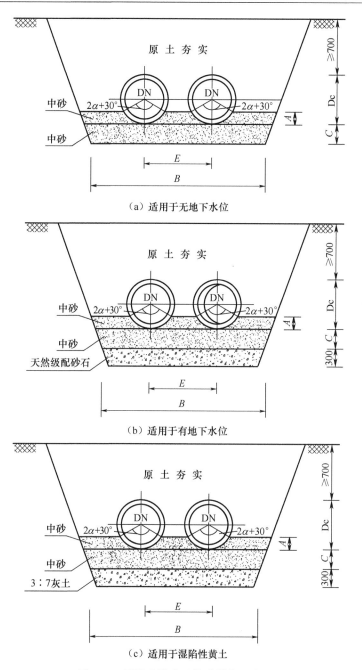

图 9-1 柔性连接直埋管道横断面布置

注：A 为回填砂高度，mm，$A = \frac{1}{2}Dc \cdot [1 - \cos(\alpha + 15°)]$，建议设计时回填砂高填至管中；

B 为槽底宽度，mm；C 为垫层砂厚度，mm；E 为管中心距，mm；

Dc 为保温管外径，mm；α 为回填土内摩擦角，°，砂土可取 30°。

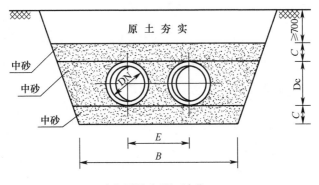

（a）适用于无地下水位

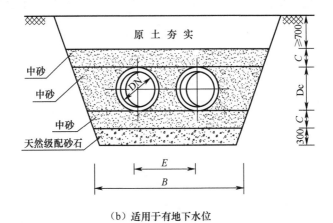

（b）适用于有地下水位

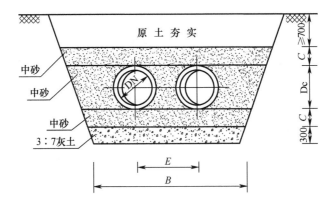

（c）适用于湿陷性黄土

图 9-2　刚性连接直埋管道横断面布置

表 9-1 球墨铸铁预制保温管直埋管道横断面尺寸   单位：mm

公称直径	保温管外径×壁厚	管中心距 E	沟宽 B	垫砂层厚 C	回填砂高 A
DN100	200×3.2	450	1250	200	100
DN125	225×3.4	480	1310	200	113
DN150	260×3.7	510	1370	200	130
DN200	320×4.1	570	1490	200	160
DN250	375×4.7	630	1605	250	188
DN300	428×5	680	1708	250	214
DN350	500×5.6	750	1850	250	250
DN400	550×5.9	800	1950	300	275
DN450	600×6.3	900	2100	300	300
DN500	655×6.6	960	2415	300	328
DN600	765×7.6	1080	2645	300	383
DN700	870×8.5	1220	2890	300	435
DN800	975×9.2	1330	3105	300	488
DN900	1080×10.0	1440	3320	300	540
DN1000	1188×10.9	1550	3738	300	594
DN1100	1300×11.8	1660	3960	300	650
DN1200	1410×12.6	1770	4180	300	705
DN1400	1630×15.3	2030	4660	300	815
DN1500	1800×17.0	2200	5000	300	870
DN1600	1900×20.0	2350	5250	300	925

表 9-2 钢质预制保温管直埋管道横断面尺寸   单位：mm

公称直径	保温管外径×壁厚	管中心距 E	沟宽 B	填砂厚 C
DN100	200×3.9	450	850	200
DN125	225×4.4	480	910	200
DN150	250×4.9	510	970	200
DN200	315×6.2	570	1090	200
DN250	365×6.6	630	1200	250
DN300	420×7	680	1400	250
DN350	500×7.8	750	1550	250
DN400	550×8.8	800	1650	300

续表

公称直径	保温管外径×壁厚	管中心距 E	沟宽 B	填砂厚 C
DN450	600×8.8	900	1800	300
DN500	655×9.8	960	2015	300
DN600	760×11.0	1080	2240	300
DN700	850×12	1220	2470	300
DN800	960×14	1330	2800	300
DN900	1055×14	1440	3000	300
DN1000	1155×14	1560	3215	300
DN1100	1280×15	1640	3940	300
DN1200	1370×16	1730	4140	300
DN1400	1630×16	2030	4660	300
DN1500	1800×17	2200	5000	300
DN1600	1900×20	2350	5250	300

管位如遇地下水位，管道基础应增加天然级配砂石。首先天然级配砂石有助于降水、抵抗沟底混浆、塌方，防止泥水倒灌管内及严重时出现漂管；其次，天然级配砂石有助于避免管道基础受到扰动，承载力下降，产生不均匀沉降；最后，天然级配砂石较粗砂、细砂价格低廉，可降低工程造价。

管线应避开湿陷性黄土、松软土、强腐蚀性土壤、垃圾土、地震断裂带等。若不得不经过，应加深管槽开挖量，并回填3:7灰土，已有工程实践证明该方法也是可行的。

地震断裂带采用直埋敷设时，管基应采用钢筋混凝土打底，厚度及配筋根据地震断裂带程度由土建人员设计。

9.2 管槽开挖

当管线定位后，须机械或人工开挖沟槽。沟槽的宽度与管道直径大小、供回水管道中心距和管道安装阀门型号、土壤性质等有关，应据实复核横断图的管线中心距，确定管线横断面开槽宽度，沿途开挖深度则由管线纵断面确定。

（1）沟槽开挖前应根据施工现场环境、结构埋深、土质状况和地下水位深度等因素选用不同的开槽断面，应确定各施工段的槽底宽度、边坡、留台位置、上口宽度，以及堆土和外运情况。

（2）槽底开挖宽度和工作坑尺寸应根据现场实际情况和设计要求综合确定，当设计未规定时，可以按照式（9-1）确定：

$$a = 2D_c + s + 2c \tag{9-1}$$

式中，a 为沟槽底宽度，mm；D_c 为外护层外径，mm；s 为两管道保温外护层之间的净距，mm，取 250~400；c 为管道一侧工作面宽度，mm，可按表 9-3 选取。

表 9-3 管道一侧工作面宽度　　　　　　　　　　　　　　单位：mm

管道规格	管道一侧工作面宽度 c
≤DN500	300
DN500~DN1000	400
≥DN1000	500

注：1. 槽底须设排水沟时，c 应适当增加。
　　2. 管道侧面分层回填时，c 须满足机械作业的宽度要求。
　　3. 采用轨道龙门吊安装，宽度宜适当加宽。

（3）在地下水位高于槽底的地段，应控制地下水位。降水措施应符合现行行业标准 JGJ/T 111《建筑与市政工程地下水控制技术规范》的相关规定，并应将施工部位的地下水位降至基底以下 0.5 m 后方可开挖。

（4）开挖过程中应对开槽断面的中线、高程进行校核。槽底原状地基土不得扰动，机械开挖不得超挖，槽底预留 200~300 mm 土层由人工清底至设计高程。

（5）当边坡需要支护时，应符合现行行业标准 JGJ 120《建筑基坑支护技术规程》的相关规定。

（6）沟槽一侧或两侧临时堆土或施加其他荷载时，不得影响边坡的稳定性和管道安装，并应符合下列规定：

①不得影响建（构）筑物、各种管线和其他设施的安全；

②不得掩埋消防栓、雨水口、测量标志及各种地下管道的井盖，且不得妨碍其正常使用；

③堆土沟槽边缘不小于 0.8 m，且高度不应超过 1.5 m；沟槽边堆置土方不得超过设计堆置高度。

（7）土方开挖完成后，应对槽底高程、坡度、平面拐点、坡度折点等进行测量检查，并应合格。

（8）当土方开挖中发现未探明的地下障碍物时，应与产权或主管单位协商，采取措施后，再进行施工。

（9）沟槽开挖及验收应符合现行国家或行业标准的相关规定。

（10）应消除管线基底不均匀沉降或降低到最小，做好从一种（土壤的）承载力过渡到另一种承载力的基地过渡处理。

9.3 管道安装

(1) 球墨铸铁预制保温管及管件的规格、尺寸公差、性能等参数应符合有关国家或行业标准的规定和设计要求,进入施工现场时其外观质量应符合下列规定:

①管道及管件表面不得有裂纹,保温层和外护层不得有超过规范要求的损坏及缺陷;

②采用橡胶密封圈柔性接口的球墨铸铁管,承口的内工作面和插口的外工作面应光滑、轮廓清晰,不得有影响接口密封性的缺陷;

③橡胶密封圈的质量、性能、细部尺寸,应符合国家或行业关于球墨铸铁管及管件和直埋供热管道的标准的规定。

(2) 安装前根据设计要求用观测器、水平仪找准安装面,沟底整平,并回填砂垫层 200 mm,避免把预制保温管放在底层石块的凸面上。

(3) 使用起重机械、吊带或其他合适的工具或设备将管小心地放到沟槽中,禁止直接将管抛下或滚入沟槽中。

(4) 在接口安装之前,要将保温管的承插口连接部位清理、擦拭干净,尤其是安装橡胶密封圈的位置,不得有灰尘、沙子、石块等其他物质,以免在安装管道时损坏橡胶密封圈。清理承口工作面槽内杂物,清理组对管道插口段,如倒角合适、密封面光滑等,用铁锉清理飞边、毛刺至光滑平整。

(5) 滑入式柔性接口的安装,橡胶密封圈的质量、性能应符合国家或行业关于球墨铸铁管及管件和直埋供热管道的标准的规定。橡胶密封圈经检验合格后,方可进行管道安装。

①对于较小规格的橡胶密封圈,安装时宜将其弯成心形放入承口密封槽内;对于较大规格的橡胶密封圈,宜将其弯成十字形或其他形状放入承口密封槽内,如图 9-3 所示。

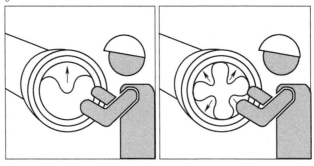

图 9-3 橡胶密封圈安装

②放入橡胶密封圈后,应施加径向力(使用木锤或橡胶锤轻轻敲击的方式),使其完全放入密封槽内,再检查是否完全吻合,如图9-4所示。

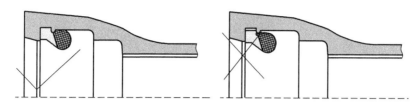

图9-4　正确安装橡胶密封圈

(6)安装前应用专用润滑剂润滑橡胶密封圈和插口(涂在橡胶密封圈的工作表面及另一支管的插口工作面上),如图9-5所示。禁止使用对橡胶密封圈存在腐蚀、对水质有影响的黄油及机油等润滑剂。

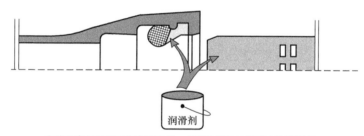

在橡胶密封圈的工作表面及另一支管的插口工作面上涂润滑剂

图9-5　用润滑剂润滑橡胶密封圈和插口

(7)管道连接时,应先将两支保温管的承口和插口对中,然后将保温管的插口缓慢地推入承口中,插到两条插口线中间即可,如图9-6所示。为保证安装位置准确,可先在插口处放置定位垫板后再安装。

如发现插入阻力过大,则应立即停止安装。将管拔出,检查橡胶密封圈的位置和管的承插口,查明原因并妥善处理后再进行安装。

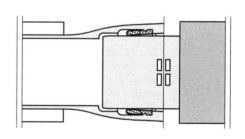

图9-6　管道承插安装

(8)保温管可以采用不同的工具进行安装,安装工具与管接触的部位都应垫柔性材料进行防护:

①小管径保温管可采用撬棍等简易工具进行安装，如图 9-7 所示；
②中大管径保温管可采用手动葫芦、挖掘机等进行安装，如图 9-8 所示。

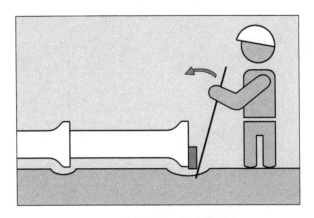

图 9-7　小管径保温管安装示意

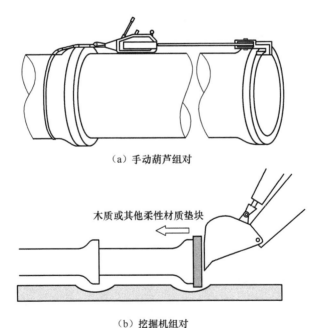

（a）手动葫芦组对

（b）挖掘机组对

图 9-8　中大管径保温管安装示意

（9）管道组对完成后，应采用图 9-9 所示方法检测橡胶密封圈的位置：利用一把薄的窄钢尺，绕着插口多点检查橡胶密封圈位置，钢尺塞入深度应相等。

（10）管道及管件的安装应执行设计文件和管道厂商的规定，同时应符合现行行业标准 CJJ 28《城镇供热管网工程施工及验收规范》和 CJJ/T 81《城镇供热直埋热水管道技术规程》的相关规定，并应符合以下要求：

①管道及管路附件安装前应按设计要求核对型号，并应检验合格；

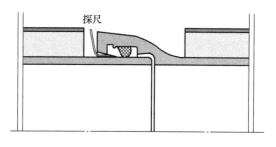

图 9-9　检测橡胶密封圈的位置

②运输、安装施工过程中不得损坏管道及管路附件；

③可预组装的管路附件宜在管道安装前完成，并应检验合格；

④安装至回填前，管沟内不应有积水。当日工程完工时，应对未安装完成的管端采取临时封堵措施，并应对裸露的保温层进行封端防水处理；

⑤雨期施工应采取防止浮管或泥浆进入管道及管路附件的措施；

⑥管道安装前应将内部清理干净，安装完成应及时封闭管口；

⑦检查室和热力站内的管道及附件的安装位置应留有检修空间。

（11）泄漏监测系统的安装应符合厂商要求。

9.4　阀门及管件的安装

（1）球墨铸铁预制保温管附件与设施除应符合球墨铸铁预制直埋供热管道的相关标准规范，还应符合现行行业标准 CJJ/T 34《城镇供热管网设计标准》、CJJ/T 81《城镇供热直埋热水管道技术规程》的有关规定。

（2）球墨铸铁预制保温管阀门可采用焊接或法兰阀门。

（3）球墨铸铁预制保温管干线、支干线、支线的起点应安装关断阀门，管道干线应装设分段阀门。

（4）分支三通、阀门、放气装置、泄水装置等附件宜布置在检查室内，检查室内的管道宜采用钢质管道，与附件连接宜采用焊接方式。检查室设计时，应考虑阀门关闭时产生的盲板力，有盲板力的检查室应具备固定墩功能。

（5）检查室顶板可以设安装孔。安装孔的尺寸和位置应保证需更换设备的出入和便于安装。

（6）检查室内装有电动阀门时，应采取措施保证安装地点的空气温度、湿度满足电气装置的技术要求。

（7）只需安装放气阀门且埋深很小时，可不设检查室，只在地面设检查井口，放气阀门的安装位置应便于工作人员在地面进行操作；当埋深较大时，在保证安全的条件下，也可只设检查人孔。

9.5 校圆方法

在运输及装卸过程中有可能造成管插口部位发生椭圆变形，DN400以下规格的管须将椭圆变形部分切掉，而DN500以上规格的管可以使用专用校圆工装进行校圆，如图9-10所示。校圆时应注意：

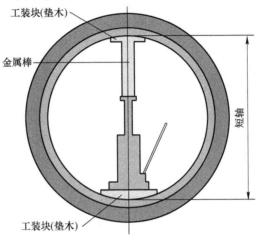

图 9-10　校圆工装示意

（1）千斤顶的上下应垫圆弧工装块（垫木），工装块弧的大小及现状应根据校圆管的规格分别制作。

（2）校圆顶出量参考数据：校圆时需要超量顶扩，如管的公称直径为100 mm，则校圆时须顶扩至105 mm，顶扩超量值与管的规格、壁厚及椭圆程度等因素有关，准确量可在现场校圆时通过试验来确定。

（3）校圆时，一旦水泥内衬被压裂或压坏，应按要求修补水泥内衬。

9.6 管的切割

（1）因装卸不当造成球墨铸铁管插口端损坏而影响安装时，需要将该部分切掉。

（2）在施工过程中因安装管件等，需要在施工现场确定铸管长度并进行切管：

①对于管径≤DN300的球墨铸铁管，可以从插口端面开始到至少管长的2/3位置切割；

②对于管径>DN300的球墨铸铁管，生产厂家一般都提供一定比例的可切割管。

（3）切管工具。可使用砂轮切割机或电动金属锯切管机切割，如图9-11所示。禁止使用气割方法,过高的切割温度将影响球墨铸铁管的材料性能。

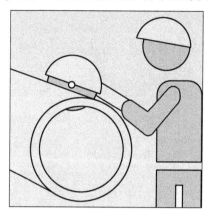

图 9-11 无齿砂轮切割示意

球墨铸铁管在切割后,必须对新切割的端口进行磨圆及倒角处理,以防安装时损坏橡胶密封圈。插口倒角如图 9-12 所示,倒角尺寸如表 9-4 所示。

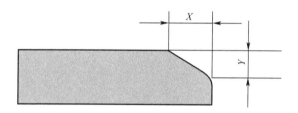

图 9-12 插口倒角示意

表 9-4 插口倒角尺寸   单位:mm

公称直径	插口外径	X	Y	公称直径	插口外径	X	Y
DN100	118	9	3	DN600	635	9	3
DN125	144	9	3	DN700	738	15	5
DN150	170	9	3	DN800	842	15	5
DN200	222	9	3	DN900	945	15	5
DN250	274	9	3	DN1000	1048	15	5
DN300	326	9	3	DN1100	1152	15	5
DN350	378	9	3	DN1200	1255	15	5
DN400	429	9	3	DN1400	1462	21	7
DN450	480	9	3	DN1500	1565	21	7
DN500	532	9	3	DN1600	1668	21	7

9.7 管道损坏修复

如果正在供热的球墨铸铁管因局部损坏而漏水,可以使用 HRD 型承套修复方案将其修复,具体修复步骤如下。

(1) 挖管及切管。将损坏部分的管道挖出,确认管的损坏长度后,再将损坏的管段切掉,如图 9-13 所示。

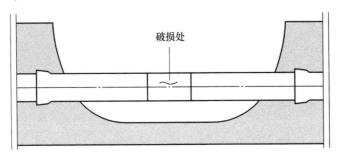

图 9-13 管切断示意

(2) 换管准备。准备一段同规格的双插直管和 HRD 型承套组件。
(3) 安装 HRD 型承套。准备一套承套组件,将承套装入承插管的插口端,使插口端露出 50 mm 左右的承套,如图 9-14 所示。

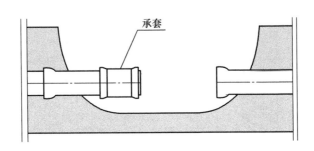

图 9-14 HRD 型承套安装示意

(4) 换管。切割一段 $L=80$ mm 的同口径双插短管,并将其放入待更换位置,如图 9-15 所示。
(5) 保温处理。各部件安装完成后进行保温处理,保温层厚度不应低于原管线厚度。

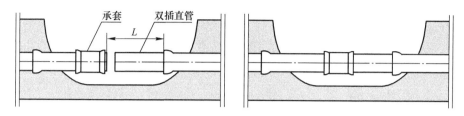

图 9-15 HRD 型承套安装详图

9.8 保温接口的检验

平直预制保温管组对接头和异形保温管组对接头的做法及要求见 3.4 节。

9.9 沟槽回填

(1) 沟槽、检查室的主体结构施工完成，并经隐蔽工程验收合格及测量定位后，应及时进行回填。

(2) 回填前应先将槽底杂物、积水清除干净，回填过程中不得影响既有构筑物的安全。

(3) 回填使用的材料根据现场情况和设计要求选择，其质量应符合设计要求或有关标准规定，应符合下列规定：

①刚性连接段保温管周围采用中砂回填，回填高度不应小于管顶以上 200 mm，且应符合设计要求；

②柔性连接段保温管中线以下应采用中砂回填，中线以上可采用符合要求的原土回填，回填高度不应小于管顶以上 200 mm，且应符合设计要求；

③管顶以上 500 mm 范围内，土中不应含有机物、淤泥、冻土，以及大于 50 mm 的砖、石等硬块；

④在距管顶 500 mm 范围内不得重夯，否则会造成保温层变形，导致被动土压过大、荷载集中，同时对保温层和钢管的黏接性能及保温层和保护壳的黏接性能造成破坏；

⑤当采用膨胀土等特殊地质土回填时，应符合设计要求。

(4) 沟槽应分层回填，分层厚度、回填方式、回填压实指标、腋角回填等应符合设计要求，设计无规定时，可参照 GB 50268 及 CJJ 28 的要求。

(5) 管道回填时宜从管道两侧同时回填、同时压实，应防止回填土冲击管道发生横向偏移。

(6) 回填压实不得影响管道和结构的安全。管顶或结构顶以上 500 mm 范围内应采用人工夯实，不得采用动力夯实或压路机夯实。

(7) 地下水位较高或出现水位高于管线底部的情况时，沟槽回填应考虑防止管线漂浮的措施。

(8) 管顶应铺设警示带，警示带距离管顶不得小于 300 mm，且不得敷设在道路基础中。

9.10　管道试验

管道试验是指水压试验。进行水压试验前应编制试验实施方案，并报有关单位审批同意。水压试验前应清理管道内部杂物，试验完成后应出具试验报告。管道清洗和试验应符合现行行业标准 CJJ 28《城镇供热管网工程施工及验收规范》的相关规定。

(1) 供热管道水压试验前应具备下列条件：
①压力试验前应检查管道接口均安装到位并合格；
②管道附属设备已按要求紧固、锚固合格；
③沟槽回填已完成；
④锚固管件的固定墩混凝土强度已达到设计要求；
⑤管道内杂物已清理；
⑥试验段两端止推结构和附属设施满足水压试验的稳定性和强度要求。
(2) 水压试验应符合下列规定：
①进行水压试验时，应分别对供水管道、回水管道进行试验；
②向管道内注水应从低点缓慢注入，在试验管段最高点和局部高点管顶设置排气阀，将管道内的气体排除；
③试验时，环境温度不宜低于 5 ℃；当环境温度低于 5 ℃时，应有防冻措施；
④强度性试验，试验压力为设计压力的 1.5 倍；
⑤严密性试验，试验压力为设计压力的 1.25 倍；
⑥先进行预试验，通过进水管补水增压，将试验段管道内的水压由起始压力缓慢分级升至试验压力并稳压 30 min，其间如有压力下降可注水补压，但不得高于试验压力；
⑦再进行主试验，停止注水补压并稳定 15 min；当 15 min 后压力下降不超过 0.03 MPa 时，再将试验压力降至工作压力并保持恒压 30 min，则水压试验合格。

9.11　管道清洗

(1) 管道清洗前应编制清洗方案，并报有关单位审批同意。清洗方案包括清洗方法、技术要求、操作及安全措施等内容。

(2) 管道清洗准备工作包括以下内容：

①管道清洗宜采用清洁水；

②防护设施应能承受清洗时的冲击力，必要时应经设计核算；

③清洗使用的其他装置应已安装完成，并应经检查合格。

(3) 水冲洗应符合下列规定：

①管道冲洗宜按主干线、支干线、支线顺序进行，冲洗水方向应与设计介质流向一致；

②管道冲洗应连续进行，冲洗时管道内平均流速不应小于 1 m/s；

③管道冲洗过程中应观察排出水的清洁度，当排水水样中固形物的含量接近或等于冲洗用水中固形物的含量时，清洗合格。

④污水不得随意排放，不得污染环境。

9.12 管道试运行

(1) 试运行应在单位工程验收合格、管道清洗和试验合格后，同时在热源具备供热条件的情况下进行。

(2) 试运行前应编制试运行方案，对试运行各个阶段的任务、方法、步骤、指挥等各方面的协调配合及应急措施均应做详细的安排。在环境温度低于 5 ℃时，应制订可靠的防冻措施，试运行方案应由建设单位、设计单位和监理单位审查同意并进行交底。

(3) 试运行应有完善、可靠的通信系统及其他安全保障措施。

(4) 试运行的实施应符合现行行业标准 CJJ 28《城镇供热管网工程施工及验收规范》的相关规定。

(5) 当试运行期间发现不影响运行安全和试运行效果的问题时，可待试运行结束后进行处理，否则应停止试运行，并应在降温、降压后进行处理。

(6) 试运行完成后应对运行资料、记录等进行整理，并应存档。

第10章 工程设计案例

工程设计案例分析有助于工程设计人员系统掌握设计要点，有助于掌握预制保温球墨铸铁直埋供热管道工程设计的整个方案布置、方案调整过程及热力分析计算过程的细节。案例都具有一定的工程针对性、技术难点问题的代表性和实用参考价值。

【例10-1】 本工程为某市集中供热工程建设项目人民路（魏武大街—支漳河）主干线供热管线设计。设计起点为支漳河，设计终点为魏武大街。设计供回水温度为120 ℃/60 ℃，设计压力为1.6 MPa，管顶覆土深度为1.5 m，主线管径DN1400~DN1200，敷设长度4100 m。

解：

1）设计依据

执行国家和地方政府相关法律法规，环保节能政策、执行并遵守行业的规范、标准；并尽力满足用户的诉求。

2）现场踏勘和管道的初步敷设方案

（1）现场踏勘。本工程供热管网距离远，地形复杂，设计前须进行详细的现场踏勘。明确各路段宜采用的敷设方式、安装方式、特殊节点及实施过程中可能遇到的问题。

（2）管位及敷设方案设计。管道沿道路敷设，东西向道路敷设于道路中心线以北6 m的位置，南北向道路敷设于道路中心线以东8 m的位置。主管为DN1400的预制直埋保温管，管道埋深控制在2.5 m。在穿越主要道路时采用顶管或拖管敷设。顶管或拖管方案由施工单位和设计院共同完成。

（3）敷设方式。本工程主要采用柔性连接与刚性连接相结合的直埋敷设，以柔性连接为主，循环最低温度为10 ℃。

（4）分段试压。为保障工程进度，确定采用分段施工及分段试压，设计要求每段都有泄水装置，且保证能够在规范要求的时间内泄完水。一个独立管段上应该是最低处满足试验压力2.4 MPa。分段原则：热水热力网干线应装设分断阀门。长输管线上分段阀门的间距宜为4000~5000 m，城市输送干线分断阀门的间距为2000~3000 m，城市管网输配干线分断阀门的间距为1000~1500 m。同时结合实际情况考虑事故维修时间可调整分段阀门间距。

(5) 管道壁厚。

①铸铁管壁厚。

a. 压力分级管壁厚计算

压力分级管的最小壁厚 e_{min} 不应小于 3.0 mm，应按式 (4-12) 计算。

DN1400：$e_{min} = \dfrac{PFA \cdot SF \cdot DE}{2R_m + PFA \cdot SF} = \dfrac{1.6 \times 3 \times 1462}{2 \times 420 + 1.6 \times 3} = 8.31$ mm

DN1200：$e_{min} = \dfrac{PFA \cdot SF \cdot DE}{2R_m + PFA \cdot SF} = \dfrac{1.6 \times 3 \times 1255}{2 \times 420 + 1.6 \times 3} = 7.13$ mm

压力分级管的公称壁厚 e_{nom} 应按式 (4-13) 计算。

DN1400：$e_{nom} = e_{min} + (1.3 + 0.001DN)$
$= 8.31 + (1.3 + 0.001 \times 1400) = 11.01$ mm

DN1200：

$$e_{nom} = e_{min} + (1.3 + 0.001DN)$$
$$= 7.13 + (1.3 + 0.001 \times 1200) = 9.63 \text{ mm}$$

根据表 3-5，DN1400 选用 C25 级球墨铸铁管，壁厚为 15.7 mm，DN1200 选用 C25 级球墨铸铁管，壁厚为 13.6 mm，满足本工程设计压力为 1.6 MPa 的要求。

b. 管道径向变形的控制

综合公称壁厚和最小壁厚计算结果，DN1400 选用 C25 级球墨铸铁管，公称壁厚为 15.7 mm，DN1200 选用 C25 级球墨铸铁管，公称壁厚为 13.6 mm。球墨铸铁管壁厚除应具备足够的强度来承受管道内水压力以外，还应满足回填土荷载、交通荷载等外部荷载的作用，下面验算管道径向变形量是否满足要求。

对于水泥内衬的最大变形率 Δ_{max} 不应大于 3%，故最大允许变形率应控制在 3% 以内。

中砂或砂土回填，压实系数大于 85%，根据表 6-1 和表 6-2，$K_x = 0.096$，$E' = 5$ MPa。

DN1400 径向变形率：

由式 (6-1)、式 (6-2) 分别计算 q_1、q_2 得出：

$$q_1 = 0.001\gamma \cdot H = 0.001 \times 18 \times 1.5 = 0.0270 \text{ MPa}$$

$$q_2 = 0.04\beta \cdot (1 - 2 \times 10^{-4}DN)/H$$
$$= 0.04 \times 1.5 \times (1 - 2 \times 10^{-4} \times 1400)/1.5 = 0.0288$$

$$q = q_1 + q_2 = 0.0270 + 0.0288 = 0.0558 \text{ MPa}$$

$$I_p = \dfrac{e^3}{12} = 2.488 \times 10^{-7} \text{ m}^3$$

径向变形，由式 (6-5) 得：

$$\Delta X = \frac{J \cdot K_x \cdot q \cdot r^3}{E \cdot I_p + 0.061 E' \cdot r^3} = 0.0193 \text{ m}$$

管道变形率为：

$$\Delta = \frac{\Delta X}{\text{DE}} = \frac{0.0193}{1.462} = 1.32\%$$

根据式（6-6），管道径向变形量满足3%以内的要求。

DN1200径向变形率：

由式（6-1）、式（6-2）分别计算 q_1、q_2 得出：

$$q_1 = 0.001 \gamma \cdot H = 0.001 \times 18 \times 1.5 = 0.0270 \text{ MPa}$$

$$q_2 = 0.04\beta \cdot (1 - 2 \times 10^{-4} \text{DN})/H$$
$$= 0.04 \times 1.5 \times (1 - 2 \times 10^{-4} \times 1200)/1.5 = 0.0304$$

$$q = q_1 + q_2 = 0.0270 + 0.0304 = 0.0574 \text{ MPa}$$

$$I_p = \frac{e^3}{12} = 1.57 \times 10^{-7} \text{ m}^3$$

径向变形，由式（6-5）得：

$$\Delta X = \frac{J \cdot K_x \cdot q \cdot r^3}{E \cdot I_p + 0.061 E' \cdot r^3} = 0.0198 \text{ m}$$

管道变形率为：

$$\Delta = \frac{\Delta X}{\text{DE}} = \frac{0.0198}{1.255} = 1.58\%$$

根据式（6-6），管道径向变形量满足3%以内的要求。

综上所述，球墨铸铁管DN1400和DN1200管道径向变形量都满足3%以内的要求。

②钢管壁厚。

方案一局部采用钢管敷设，钢管壁厚计算可参照《直埋供热管道工程设计》第三版，材料为Q355B，管道经一次应力验算，安定性、竖向稳定性、径向稳定性、局部稳定性条件，并考虑一定富裕量，DN1400选用壁厚为18 mm，DN1200选用壁厚为16 mm。

3）水力计算、管网的坐标和里程的标注

（1）热负荷计算：根据甲方提供的资料，得知现有和规划供热面积，据此确定热指标，并计算出热负荷。

（2）主干线管径的确定：根据CJJ/T 34《城镇供热管网设计标准》，确定热水管网主干线管径应采用经济比摩阻。经济比摩阻宜根据工程具体条件计算确定。当不具备技术经济比较条件时，主干线采用30~70 Pa/m的经济比摩阻，长输管线比摩阻可采用20~50 Pa/m。

（3）支干线、支管应按允许压力降确定管径，并按照 CJJ/T 34《城镇供热管网设计标准》规定，供热介质流速不应大于 3.5 m/s。支干线比摩阻不应大于 300 Pa/m。

（4）对管网主干线及支线进行坐标和里程标注。

（5）计算主干线阻力，估算热源、换热站阻力。

（6）提出首站循环泵扬程和流量。

4）热力计算

为了深入了解球墨铸铁预制保温管布置的灵活性，下面设计了 3 种方案供参考。

（1）方案一：球墨铸铁管柔性连接+钢管刚性连接，管线平面示意如图 10-1 所示，节点大样如图 10-2 所示。

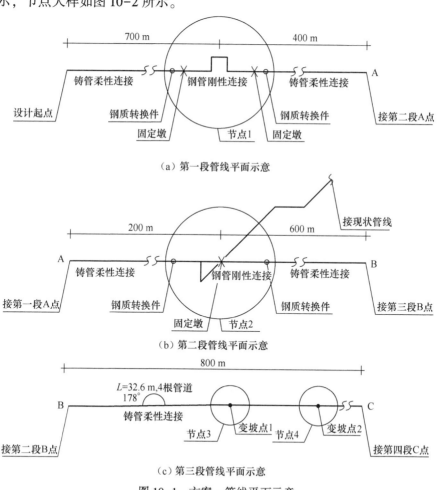

(a) 第一段管线平面示意

(b) 第二段管线平面示意

(c) 第三段管线平面示意

图 10-1　方案一管线平面示意

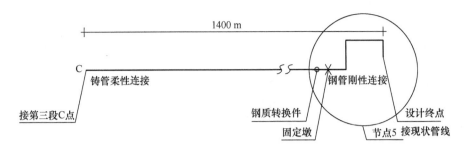

(d) 第四段管线平面示意

图 10-1　方案一管线平面示意（续）

①固定墩的推力计算。

GZ-01、GZ-02、GZ-04 的固定墩推力合成属于水平弯管推力，其计算见《直埋供热管道工程设计》第 11 章"固定墩及其推力计算"表 11-4 中的序号 7。

当 $L_{min} > L_1 \geqslant L_2$ 时，$T = (F_{max} \cdot L_1 + P_{t_1}) - 0.8(F_{min} \cdot L_2 + P_{t_2}) + P_n \cdot f_1$

式中，$F_{max} \cdot L_1$、$F_{min} \cdot L_1$ 分别为 L_1 管段摩擦力的最大值、最小值；P_{t_1} 为球墨铸铁管承插口摩擦阻力；P_{t_2} 为弯头位移阻力；$P_n \cdot f_1$ 为球墨铸铁管盲板力。

根据《直埋供热管道工程设计》第三版中的式（4-11）可得 F_{max} = 58.0 kN，F_{min} = 29.0 kN，P_{t_1}、P_{t_2} 占比例非常小，计算中可忽略不计。故固定墩推力计算为：

$$T = (F_{max} \cdot L_1 + P_{t_1}) - 0.8(F_{min} \cdot L_2 + P_{t_2}) + P_n \cdot f$$

$$= 58 \times 4 - 0.8 \times 29 L_2 + \frac{\pi P_c \cdot D_0^2}{4 \times 10^3}$$

$$= 2916.63 - 23.2 L_2$$

从上述计算结果可得当 T=0 时，L_2 = 125.72 m。

故固定墩距弯管的距离为 125.72 m 时，固定墩理论推力最小，考虑到不同工况会影响固定墩的推力，建议给固定墩一个合适的推力。

GZ-03 的固定墩推力合成同钢管刚性连接相同，主要考虑阀门关闭时盲板力的作用，根据式（7-1）计算内压引起的轴向推力。

$$T = \frac{\pi P_c \times DE^2}{4 \times 10^3} = \frac{0.785 P_c \times DE^2}{10^3} = \frac{0.785 \times 1.6 \times 1462^2}{10^3} = 2684.63 \text{ kN}$$

考虑供回水阀门有同时关闭的可能，故 GZ-03 固定墩推力为 5369.26 kN。

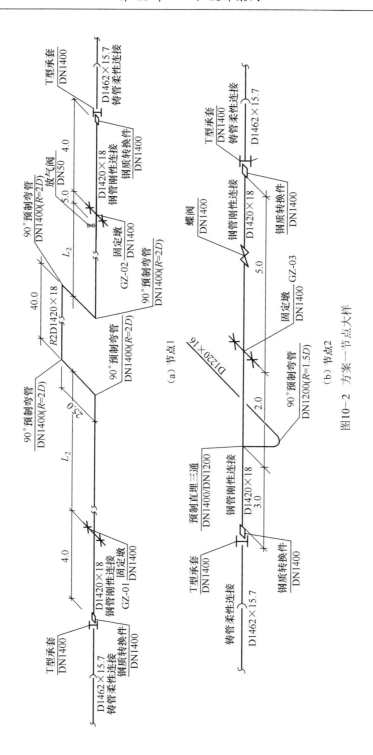

图10-2 方案一节点大样

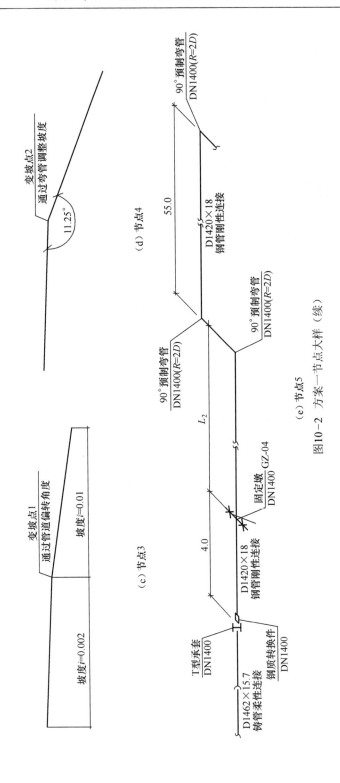

图10-2 方案一节点大样（续）

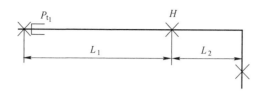

图 10-3　计算简图

②折点及变坡点。

水平折点［见图 10-1（c）］，4 根 8 m 长的球墨铸铁管折弯 2°。球墨铸铁管道连接允许的偏转角如表 10-1 所示。

表 10-1　球墨铸铁管道连接允许的偏转角

公称直径/mm	最大允许偏转角度/(°)	设计安全偏转角度
DN100~DN300	3	1°30′
DN350~DN600	2	1°
DN700~DN1600	1	30′

DN1400 管道每根设计最大允许转角 30′，故 4 根管道偏转 2°在允许范围内。

竖向变坡点，小的变坡点采用管道偏转，大的变坡点采用管件，见节点 3 和节点 4。

③其他说明。

a. 本设计采用球墨铸铁管柔性连接和钢管刚性连接相结合的形式。

b. 球墨铸铁管柔性连接类似于有补偿敷设，由承插口所留空隙吸收管道的热伸长，因球墨铸铁直管段两端接口存在 10~15 mm 的安装间隙，故固定墩距钢质转换件热伸长量不能超过承插口留有的空隙。

c. 钢管刚性连接同《直埋供热管道工程设计》理论体系一致，其管道摩擦力、管道应力、管道热伸长、管道稳定性及管道屈曲等按照《直埋供热管道工程设计》理论分析进行计算。

d. 为减小管线中主固定墩的推力，可以通过加大固定墩与弯头或弯管的距离（加大管道摩擦力）的方式抵抗管道盲板力。

（2）方案二：球墨铸铁管柔性连接+球墨铸铁管自锚连接，管线平面示意如图 10-4 所示，节点大样如图 10-5 所示。

说明：方案二和方案一比较，球墨铸铁管自锚连接代替钢管刚性连接，所产生的效果是一样的，直管段上布置的固定墩的推力计算与钢管相同。球墨铸铁管的角度（水平角度和竖向角度）变化受到管件和每根铸铁管连接允许转动角度的限制，需要精确地控制在可实施范围内。

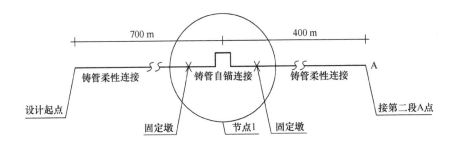

(a) 第一段管线平面示意

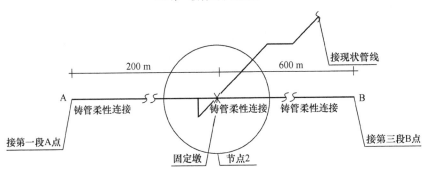

(b) 第二段管线平面示意

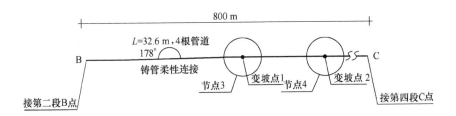

(c) 第三段管线平面示意

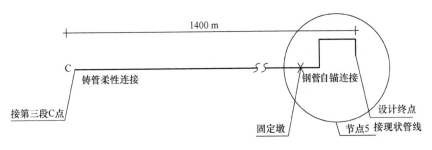

(d) 第四段管线平面示意

图 10-4　方案二管线平面示意

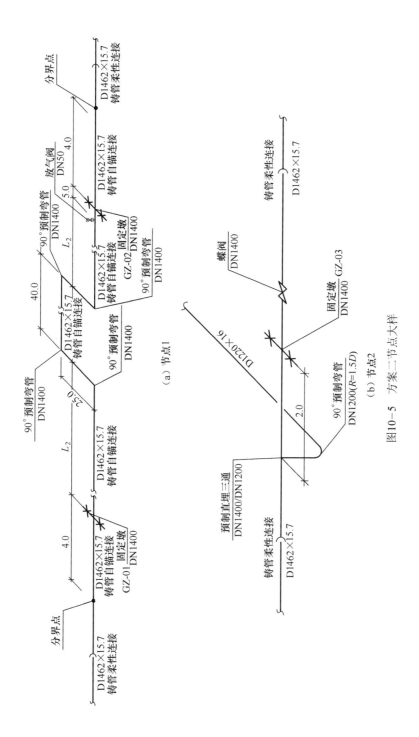

图10-5 方案二节点大样

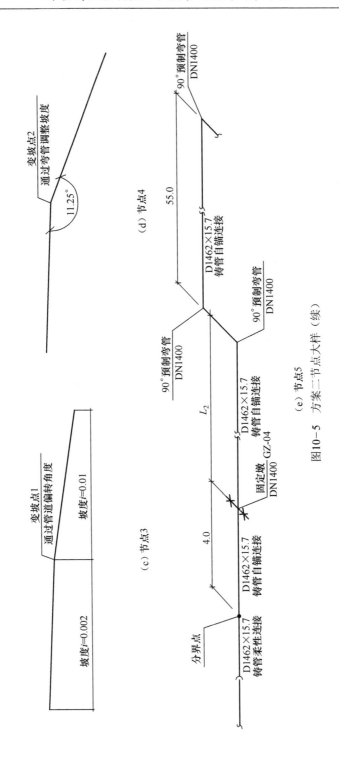

图10-5 方案二节点大样（续）

（3）方案三：球墨铸铁管柔性连接，管线平面示意如图 10-6 所示，节点大样如图 10-7 所示。

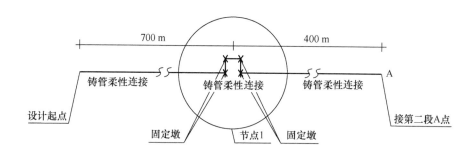

(a) 第一段管线平面示意

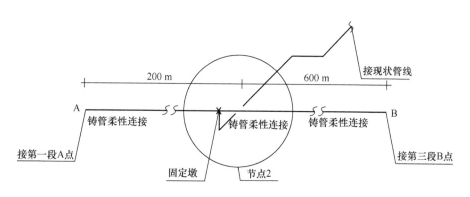

(b) 第二段管线平面示意

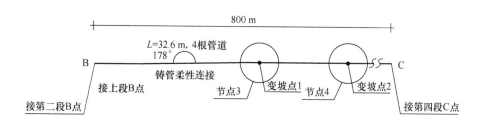

(c) 第三段管线平面示意

图 10-6 方案三管线平面示意

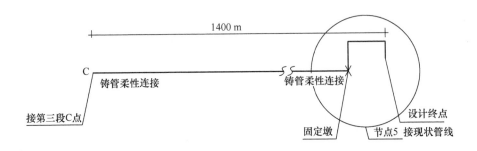

(d) 第四段管线平面示意

图 10-6 方案三管线平面示意（续）

固定墩的推力计算。

本工程有三种典型的固定墩，即 GZ-01、GZ-02、GZ-03。GZ-01 为水平弯头处固定墩，GZ-02 为三通固定墩，GZ-03 为直管道固定墩。

GZ-01 固定墩推力计算见 7.2 节主固定墩计算表 7-1 中的第一种水平弯头固定墩推力计算，GZ-02 固定墩推力计算见表 7-1 中的三通固定墩推力计算。GZ-03固定墩推力计算与方案一中的 GZ-03 固定墩推力计算相同。

GZ-01 固定墩推力计算：

$$T' = 2T \cdot \sin\left(\frac{90°}{2}\right) = 2 \cdot \frac{0.785 P_c \cdot \mathrm{DE}^2}{10^3} \cdot \sin\left(\frac{90°}{2}\right) = 3796.64 \text{ kN}$$

GZ-02、GZ-03 固定墩推力计算：

$$T = \frac{0.785 P_c \cdot \mathrm{DE}^2}{10^3} = 2684.63 \text{ kN}$$

上述固定墩推力均为单根管道的受力。

从方案一、方案二、方案三固定墩计算出的推力比较，方案三固定墩的推力一般比方案一和方案二的推力大。从固定墩的数量比较，方案三凡是出现弯头、弯管、三通及变径的位置都需要布置固定墩来抵抗盲板力，而方案一和方案二，在盲板力相互抵消的地方可以不设置固定墩，所以数量较多。

综上所述，方案三与给水管道的设计属于一种理论体系，全部按照柔性连接设计，在有盲板力的地方都设置固定墩，固定墩的设置既占空间又增加投资成本，还影响工期，故不推荐方案三。

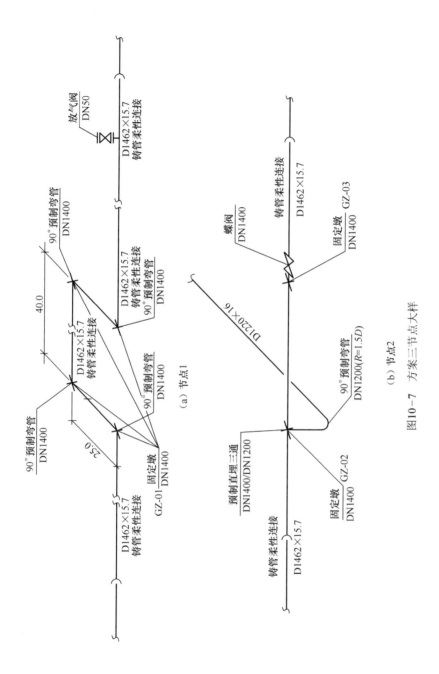

图10-7 方案三节点大样

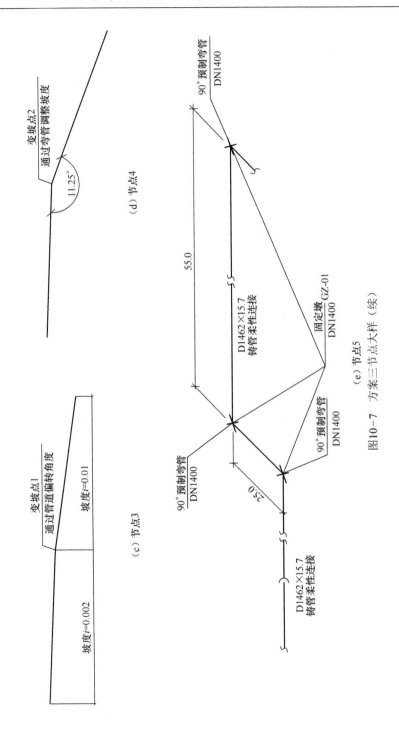

图10-7 方案三节点大样（续）

参 考 资 料

[1] 王飞. 直埋供热管砂箱实验台研制及力学性能试验 [D]. 哈尔滨：哈尔滨建筑工程学院，1988.

[2] 王飞，张建伟，王国伟，等. 直埋供热管道工程设计 [M]. 3 版. 北京：中国建筑工业出版社，2014.

[3] 孙刚，王飞，吴华新. 供热工程 [M]. 4 版. 北京：中国建筑工业出版社，2009.

[4] 王飞，梁鹧，杨晋明. 典型供热工程案例与分析 [M]. 北京：中国建筑工业出版社，2020.

[5] 中华人民共和国住房和城乡建设部. CJJ/T 34—2022. 城镇供热管网设计标准 [S]. 北京：中国计划出版社，2022.

[6] 中华人民共和国住房和城乡建设部. CJJ/T 81—2013. 城镇供热直埋热水管道技术规程 [S]. 北京：中国建筑工业出版社，2014.

[7] 北京市热力集团有限公司. CJJ 28—2014. 城镇供热管网工程施工及验收规范 [S]. 北京：中国建筑工业出版社，2014.

[8] 国家市场监督管理总局，国家标准化管理委员会. GB/T 13295—2019. 水及燃气用球墨铸铁管、管件和附件 [S]. 北京：中国标准出版社，2020.

[9] 新兴铸管股份有限公司. 球墨铸铁管：管道系统设计手册 [M]. 新兴铸管股份有限公司，2006.

[10] 中国建筑标准设计研究院. 10S505. 柔性接口给水管道支墩 [M]. 北京：中国计划出版社，2010.

[11] 中华人民共和国国家质量监督检验检疫总局，中国国家标准化管理委员会. GB/T 20028—2005. 硫化橡胶或热塑性橡胶 应用阿累尼乌斯图推算寿命和最高使用温度 [S]. 北京：中国标准出版社，2006.

[12] 中华人民共和国国家质量监督检验检疫总局，中国国家标准化管理委员会. GB/T 27572—2011，橡胶密封件 110 ℃热水供应管道的管接口密封圈 材料规范 [S]. 北京：中国标准出版社，2012.

[13] 国家市场监督管理总局，国家标准化管理委员会. GB/T 27800—2021. 静密封橡胶制品使用寿命的快速预测方法 [S]. 北京：中国标准出版社，2021.

[14] 动力管道设计手册编写组. 动力管道设计手册 [M]. 2 版. 北京：机械工业出版社，2020.

[15] BS. ISO 21052：2021. Restrained joint systems for ductile iron Pipelines-Calculation rules for lengths to be restrained [S].

[16] 国家市场监督管理总局，国家标准化管理委员会. GB/T 29047—2021. 高密度聚乙烯外护管硬质聚氨酯泡沫塑料预制直埋保温管及管件 [S]. 北京：中国标准出版社，2021.

[17] 中华人民共和国国家质量监督检验检疫总局，中国国家标准化管理委员会. GB/T 34611—2017. 硬质聚氨酯喷涂聚乙烯缠绕预制直埋保温管 [S]. 北京：中国标准出版社，2017.

［18］中国国家市场监督管理总局，国家标准化管理委员会. GB/T 43311—2023. 球墨铸铁管设计方法［S］. 北京：中国标准出版社，2023.

［19］国家能源局. SY/T 6968—2021. 油气输送管道工程水平定向钻穿越设计规范［S］. 北京：石油工业出版社，2021.

［20］中华人民共和国交通运输部. JTG D60—2015. 公路桥涵设计通用规范［S］. 北京：人民交通出版社，2016.

［21］罗巴钦 Б B. 热力网的建筑结构及其计算［M］. 北京：建筑工程出版社，1959.

［22］植树 益次. 纤维增强塑料设计手册［M］. 北京玻璃钢研究所，译. 北京：中国建筑工业出版社，1986.